1930年代时尚

权威资料手册

1930s Fashion: The Definitive Sourcebook

[英]夏洛特·菲尔（Charlotte Fiell）
[英]埃曼纽尔·德里克斯（Emmanuelle Dirix）编著
邸超　余渭深　译

重庆大学出版社

前言

1930年代是真正的"魅力黄金时代"，这一点在女性时尚领域表现得最为明显。尽管在大萧条的背景下，随之而来的艰难和贫困是许多人日常生活的现实，但1930年代的时尚普遍表达了一种奢华的优雅感。在这十年间，为了适应紧缩的流行情绪，巴黎的高级定制时装屋开始创造更便宜但仍然非常时尚的服装，同时成衣市场扩大，加速了时尚民主化的进程。在这个经济拮据的时期，女性的衣服在很大程度上仍然散发着一种可定义的"魅力"，与那个时代赤裸裸的经济现实形成鲜明对比。

这种新的迷人时尚外观受到好莱坞的影响，制片系统的建立驱动着时尚的发展。对普通女性而言，充满感情色彩的银幕故事和华丽的音乐剧为她们提供了一种逃避现实的方式，让她们在一个梦寐以求的、梦幻般的性感世态中迷失自己。当然，女性影迷也被她们喜爱的电影明星所穿的纤细诱人的缎面时装所吸引，并渴望效仿这种风格。重要的是，当时的流行电影鼓吹着一种理念，无论阶级如何，个人的转变都是可以实现的，此外，这些银幕形象还塑造了新的审美标准，因此人们比过往的几十年更注重身体的表现。这在当时优雅的紧身礼服和更柔和、更女性化的廓形中得到了诠释，这些最终都成为1930年代时装的定义。

这本标杆性的出版物旨在探索和定义这个既迷人的、充满魅力又贫穷的时代，本图集挑选了500多张原始照片和精美的插图，展示了让人惊艳的各种风格，其中大多选自好莱坞引领潮流的服装设计师和有影响力的巴黎高级时装公司，还有百货公司，以及目录邮购图册。此外，序言文章分析讨论了这一时期主流社会的经济和政治力量与时尚的发展关系。因此，我们希望，这本书不仅能让我们重新认识许多时装设计师和时装插画家的作品，而且通过揭示1930年代普通女性所遭受的苦难，以及她们崇拜的女性所过的光鲜亮丽的生活，也将有助于更广泛地理解1930年代的时尚。

图集全面记录了1930年代时尚的优雅和美丽、展现了精致的细节和精湛的剪裁。这本书被证明是时尚历史学家无价的资料来源，同时也为时装设计师、古着服饰收藏家，当然还包括所有时尚爱好者，提供丰富的灵感。

左页图

女演员多洛雷丝·卡斯特洛身穿一件印花丝绸连衣裙，搭配同款披肩，由弗雷德·R.阿彻拍摄。华纳兄弟影业宣传照片，1930年代

目录

Preis 55 Pfg. mit Doppel-Schnittbogen
Für Zustellung ortsübliche Gebühr

DER BAZAR

NUMMER 13
II. JUNI-HEFT
1. JAHRGANG 1935

M 2372
K 6716

序言：1930年代的时尚

文/埃曼纽尔·德里克斯

大萧条与节俭时尚

1930年代被两大世界性事件奇妙地勾勒出来：1929年的华尔街崩盘和10年后的第二次世界大战爆发。在时尚界，1930年代往往没有得到应有的关注，因为它处于愚蠢的爵士时代和恐怖的战争之间。这两个时期因截然不同的原因而被广泛研究和讨论——前者是奢靡过度时代，后者是经济紧缩时代——两者之间的十年通常只被认为是过渡时期。这种方法忽略了当时发生的许多变化和创新，使我们对当时的时尚没有完整的认识。

人们可以说，1930年代始于1929年的华尔街股灾，它确实是美国历史上最大的股市崩盘。它使美国陷入大萧条，并在世界范围内产生了创伤性后果。由此导致的经济衰退助长了欧洲威权政治的崛起，在这个十年结束之前，欧洲又一次陷入了战争冲突。由于引发第二次世界大战的种种矛盾根植于30年代，因此人们对30年代常常持有一种几乎完全消极的眼光，随着这十年的流逝，世界逐渐步入了至暗时刻。然而，1930年代是一个充满魅力和现代化的时代，也是设计的"流线型时代"。即使在当时，这也被认为是"设计的十年"，并预示着新的设计咨询将作为一种新的职业，活跃在消费领域。这个时代还见证了电视、柯达彩色胶卷、彩色电影和洲际航空等新技术的出现和推广。

1920年代是个性解放的十年。女性在经济、社会和政治上都取得了重大进步，这反映在她们更自由、更简洁的现代服装上。1920年代的时装是简约、舒适和年轻的。当时大部分的时尚设计，不再强调曲线，廓形平直。直到20年代末，裙摆才开始下降，腰围才恢复到原来的位置。然而，20年代人们追求的整体形象和真正的美的理想，是一种身材美化的年轻形象。但1930年代则呈现出完全不同的面貌：更加成熟、优雅，因而人们转而追求更加女性化的轮廓和外观。

这种更加女性化的外表通常被归因于大萧条带来的变化——这是爵士时代派对结束的明确信号。然而，进一步的研究表明，这种风格与其说是与过去的决裂，不如说是从1920年代末的时尚变化中取得了明显的进步。20年代早期扁平的、受立体主义影响的廓形在20年代的后半段发展成更紧身的形状。1927年至1928年，由于设计有斜嵌入式腰部裁片，连衣裙变得更为贴合身体的自然轮廓，紧裹臀部。在20年代前几年的设计中很难看到腰线，后来逐渐得到恢复（尽管下降了几英寸），到这十年结束时，腰围或多或少回到了它的自然位置。裙摆底边高度（逐渐上升，在1925—1926年达到最高点），在1928年再次下降，裙摆的设计通常是在背面和侧面饰有飘动的裙片。因此，早在大萧条到来之前，我们现在所记得的典型的1930年代轮廓的主要特征就已经悄然存在了。

这并不是说，1930年代的时尚没有什么原创或值得研究的东西。恰恰相反，在大萧条之前，更女性化、更迷人的妆容的确已经风靡世界，这一点非常有趣。按常理看，在经济低迷时期，人们对时尚的态度会更加克制，尤其是在裙摆方面。较短的服装使用更少的材料，因此更便宜——这在经济上是完全合理的。我们有理由认为裙摆底边的高度在1930年代有所上升，但直到1930年代的最后几年这种裙摆底边的提升才得以推广。人们还可以预期，在右翼政治崛起的背景下，时尚会更加克制和保守，然而，随着颓废的魅力泛滥，逻辑与历史再次发生碰撞。这就是关于1930年代时尚研究的有趣之处——它让我们看到，虽然时尚可能与文化密不可分，但它影响世界以及受世界影响的方式既不明显，也不有悖逻辑。要理解时尚，我们不仅要看生产和消费它的文化，还必须能够"读懂"服装本身。只有这样，我们才能明白，表面上看起来完全不合逻辑的东西，实际上是最理性的东西。

书中提供了丰富的照片和时尚插图资料，它们可以澄清在当时的时代背景下，时尚是如何，以及为什么会以这种方式得到发展。这本书不仅仅是对1930年代时尚的概述，它还揭示了当时的时尚风格得以出现的社会历史背景。但回到它的起源黑色星期二，1929年10月29日。1930年代开始时，美国人还没有完全认识到这场灾难的严重后果，尽管各种迹象随处可见。1930年秋天的西尔斯目录上写道："节俭是今天的精神。"不计后果的消费已经成为过去。他说，华尔街崩盘的影响很快就会波及几乎所有人。首先在美国，很快影响到所有西方工业化国家，失业率飙升，困苦激增。个别国家尽其所能遏制经济衰退（例如，美国推出了罗斯福新政，为贫困家庭提供了一些救济），尽管如此，大萧条持续了整整10年，失业率居高不下。

这种严峻的经济形势与上一个十年形成了鲜明的对比，那是一个富有和消费过度的年代——尽管需要记住的是，在喧嚣的1920年代，许多人仍然生活在贫困线以下，忍受着生活的折磨。不过，在翻阅当年的时尚图片时，我们很难发现生活的艰难。毕竟，我们不能忘记的是，时尚与现实无关——它只属于精英主义者。时尚也与想象联系在一起，它执着于完美的身材，痴迷于不断变化的美的理想。即使在今天，能够穿上"圣经"级时装的人也寥寥无几，20年代和30年代也没有多少人能够买得起。事实就是如此，我们所看到的是最新的、"最好的"和最时尚的，仅仅是那些拥有经济实力的人的专利。话虽如此，即使这些服装中最精英的部分是为少数特权人士保留的，但并不意味着它们对更广泛的时尚领域没有影响。

职业女性和她们的衣橱

1920年代，服装的设计和生产都取得了进步，这让更多人接触到"时尚"。剪裁的简化、质量合理的成衣的出现，以及新材料的发明都促成了时尚的民主化。这种趋势在1930年代得以持续，成衣公司随着市场的不断扩大而蓬勃发展。此外，由于妇女在1920年代在政治和经济上取得了进步，许多妇女得以就业赚取工资，获得经济独立。

1930年代，对于职业女性来说，可以说是1920年代时髦女郎的"成年版"。的确，30年代的时尚外貌常常被描述为女性化，而20年代的时装则更为男孩子气。1920年代的刻板印象中，棱角分明的波波头、宽松裙衫和钟形帽，以及彰显男孩子气的女郎，在30年代取而代之的是一个苗条的、曲线丰满的女人，穿着迷人的及小腿的长裙，烫着短发，致敬当红奥斯卡女星卡洛尔·隆巴德（Carole Lombard）。但是，20年代的"时髦女郎"是一种相当有限的刻板印象，1930年代迷人的银幕女神也是如此。事实上，时尚女性的衣橱还有很多其他宝藏。

虽然1930年代时尚的主要特征孕育在1920年代末，并且，如前所述，这些特征反映的是一个进步而不是一个激进的变化，公平地说，（可能）由于全球经济危机，30年代的时装呈现了一个更保守的设计和廓形变化，也就是说，与过去十年相比，它们没有那么激进，节奏也慢了很多。这并不是说当时的时尚是保守的，使用这样一个形容词是不恰当的，因为它意味着必须进行比较——与什么相比可以判断它是保守？20年代的时尚是可能的，但如何才能量化保守呢？回顾时尚历史，往往得益于后见之明，从现在的角度来判断，虽然这种观点提供了很多好处，但它也有危险，即基于与当代规范、道德、解释性思想和价值体系的比较来解释一个历史时期。

用当代的眼光看，1930年代的时装可能显得保守——当然，与30年代更为内敛的优雅晚礼服相比，20年代初引人注目的大量装饰的晚装似乎相当奢侈——但在当时，大多数女性不会认为这种装饰或没有装饰是保守或不保守的区别。她们感兴趣的是"时尚"本身；至于是否激进，从来不在她们的考虑之中。话虽如此，时尚从来不会停滞不前，变化是其本

质的一部分，这种变化的周期有快有慢，但永远不会停止。1930年代时尚的保守之处在于它变化的周期变慢了，但和20年代一样，变化是持续的，虽然没有那么戏剧化——大萧条从来都不是进行实验的好时机。

女性时尚的廓形

就廓形而言，这意味着在这十年中，腰部基本保持其自然位置，不太受到重视，当然也有一些变化，随着服装的不同而有所变化，这取决于服装，而不是特定的时间框架——尽管从1933年开始，它变得更加明显地"剪裁"了。除自然的腰线款式外，同时还伴有突出帝政高腰线的波雷诺短外套、披肩、开襟毛衫和胸下接缝的款式。裙子的长度也或多或少保持稳定，直到这十年的最后几年，日装通常裙长至小腿，晚装则裙长至地面。育克在裙上部的剪裁设计首次出现，呈V形，在臀部位置接缝于裙摆。裙摆通常是分层式、阶梯式或荷叶边式的设计，上面饰有褶裥、拼接或抽褶饰片。这种腰部和裙摆造型的突出，配合流行的斜裁手法，创造了一个以突出臀部为重点的曲线廓形。

斜裁是指以45度角剪裁织物，而不是沿着经纱或纬纱。斜裁法可以创造出雕塑般的裙子，紧贴身体，能将织物材料围绕着轮廓拉伸。这种方法在1920年代由法国著名的设计师玛德琳·薇欧奈（Madeleine Vionnet）女士推广开来，她被称为"斜裁女王"。薇欧奈有一个明确的设计理念，避免任何扭曲身体自然曲线的东西。受前卫舞蹈家伊莎多拉·邓肯（Isadora

1938年沃尔特·旺格制作的《1938年的时尚》宣传照片——这部彩色电影被誉为银幕上的第一部有趣又时尚的浪漫喜剧，由沃纳·巴克斯特和琼·贝内特主演。联美电影公司，1938年

序言：1930 年代的时尚

Duncan）的启发，她创作了围绕身体自由漂浮的设计，她知道斜向裁开的面料可以制作出悬垂弯曲的叠褶，以匹配运动中女性形体的流动性。她偏爱真丝、丝缎和双绉，利用它们塑造出奢华、诱惑、优雅、性感和现代的廓形，成为30年代女性时尚形象的蓝图。

对臀部的关注与更"塑形"的肩膀相辅相成。艾尔莎·夏帕瑞丽（Elsa Schiaparelli）通过对肩部的强调，将1920年代柔软飘逸的造型转变为30年代的特有造型。她是第一个在高级定制服装中使用这种廓形的设计师，虽然我们很难把某种时尚变化归结于某个人的创造力——但不可否认，即使不是唯一的发起者，设计师也起到了催化作用。

这些挺阔的肩部造型凸显腰身，并以各种样式呈现，如宽肩定制夹克、灯笼袖、蝴蝶袖和班卓琴袖（译者注：banjo sleeve，1920年代较流行的一种像班卓琴外形的袖形），以及礼服腰带夹的使用，都将人们的注意力吸引到女人的上身。如颈部线条是通过降低领口凸显的，通常设计有宽牙形、褶饰和层叠的衣领，以及围巾领款式的衬衫和连衣裙，错视图案套头衫、蝴蝶结、阿斯科特风格领巾和织物制胸花，连衣裙上身的拼缝饰片和过肩裁片，同样上身的后面也会设计有深开背部式剪裁。时髦的模特会在颈部佩戴钻饰带子并垂落在颈后，甚至还会佩戴"背部珠宝"——不过通常都是好莱坞的奢华服装。

1920年代的流行时尚具有多变性，让时尚变得丰富有趣。当时出现的时尚除了实用外，还有更丰富的选择，比如香奈儿的针织套装和

它繁多的复制品，但1930年代，女性定制且耐用的套装开始流行；另一个显著成功的时尚"组合"是将裙子、衬衫或连衣裙与大衣相匹配。西装和套装的实用性和多功能性对在城镇中奔波的职业妇女大有裨益。这并不是说运动时尚消失了，恰恰相反，它们带来的解放感一如既往地吸引人，但随着当时时尚的变化，它们变得更加女性化，而且随着奢华的面料被更耐用的材料取代，它们的功能也随之强大。这意味着运动服不再像以往那样只是看起来实用，而是朝着真正的实用迈开了步伐。

豪华的日常时尚

但是，日常时装必须耐穿，也必须优雅。为此，天鹅绒等面料人气飙升，因为它们坚固而舒适，最重要的是，这类材料摸起来和看起来都很豪华。1936年 The Literary Digest 上的一篇文章完美地反映了人们对"新型抗压、不缩可包装、超时尚的天鹅绒"的兴奋之情，好莱坞服装设计师沃尔特·普伦基特（Walter Plunkett）宣称"天鹅绒……是优雅的象征"。与此同时，他的竞争对手特拉维斯·班顿（Travis Banton）补充说，"天鹅绒的奉承和精致是其他任何材料都无法媲美的。"

棉花和亚麻也被推广为时尚材料。1935年，Delineator 杂志说："棉和亚麻在我们身上已经变得时髦了。是的，对此，你肯定有过耳闻在过去的三年里，造型师们每年都变得非常感伤……以往每年3月1日，几乎每个人都穿着真丝衣服，从未改变。然而，眼下世道有所改变，真丝不再唯独受宠，这是一个相信造型师的

HATS OFF TO BANDANNAS

When Elizabeth Hawes was motoring in the tropical winds this winter, she couldn't keep her shallow hat on her pate. Exasperated, one day, she tied on a handkerchief and jammed the pancake on top. It stuck. Thus was born this idea. A green linen pancake over a red and white candy-striped bandanna skullcap—which is divine on the head all by itself.

EENIE MEENIE MEINIE . . .

Three tops, equally good with the one skirt: Eenie is a peach-beige matelassé blouse with kimono sleeves; Meenie is a black and white sweater loosely knit; and Meinie is a short-sleeved wool sweater, tomato color. They call it Inferno red, just for the hell of it. All from Peck and Peck.

MAEDCHEN IN SUMMER UNIFORM

There is truth in the rumor that the inventor of this garment invented one morning in Paris, on the Avenue des Acacias, on the day when the horse-chestnuts burst into bloom and all the French chauffeurs burst forth in white summer dusters. Look at it. It is almost a duplicate of a chauffeur's uniform, only of white piqué, a little too big for her, buttoned over her evening dress with big coral buttons, bejeweled. It is meant for the girl who drives her own roadster across country when she goes out to dinner. Hattie Carnegie.

THE POINT IS THE POINT

It is now common knowledge that one must have a bust. It is generally known also that the bust should be uplifted. To the elect it is now becoming apparent that the uplifted bust should also be pointed. This is a crusade of the new Gordon brassières shown at the left . . . notably a satin one from Bonwit Teller, a tulle one from Bergdorf Goodman, and a tulle one from Altman.

CHECKMATES

Three of the new confraternity of checked evening dresses which are taking like wildfire, because they are so neat, and fresh, and unexpectedly tailored. Left, a brown and white checked dress of a smooth silk and wool mixture that looks like linen, with yellow organdie in full sail on the fichu, Bonwit Teller. Center, a black and white and green check of the same fresh, spring stuff, Saks-Fifth Avenue. And right, a tailored black and white check in the check of old-fashioned surahs, with an organdie collar and tie. Best.

天。"过去十年里，香奈儿在高级时装设计中使用了更多的材料，使那些材料不再是贫困的标志，但正是得益于它们相对低廉的价格和耐用性，这些材料在30年代初得到推广，这是当时经济衰退带来的结果。

当然，精英们并没有放弃真丝，因为它仍然是最精致的面料，使用它可以捕捉到斜裁时装作品的褶皱和垂坠效果。精美的羊毛绉，丝绸和奢华的金银丝织锦缎仍然是富人的特权。然而，现在许多奢侈面料都可以被人造面料模仿，并且越来越成功。粘胶和仿真丝在之前的几十年里就已经被开发出来，但直到1930年代才开始流行，和它们模仿的材料一样，非常适合修身款式。这意味着不太富裕的女性可以拥有自己的魅力，这一愿望在西尔斯（Sears）和Littlewoods制作的成衣目录中得到了清晰的反映。两家公司都推出了一系列令人印象深刻的仿真丝和人丝绉制成的时尚晚装，在设计上完全符合高端时尚出版物的调性。

白天和晚上，人们经常穿着各种各样的皮草，如毛皮制大衣、披风、披肩、围巾和装饰镶边。在高端市场，紫貂、水貂、毛丝鼠、波斯羔羊和银狐毛皮点缀着富人的肩膀，然而，我们再一次看到，即使在市场的底部，对时尚的渴望也压倒了经济上的实用性。麝鼠、土拨鼠和羔羊等较便宜的毛皮成为昂贵皮毛的替代品；兔子毛皮也被染色，难以辨认。对于那些连这些毛皮都买不起的人来说，还有美国宽尾羊毛皮，或西尔斯广告中所说的"加工过的羔羊毛皮"，以及各种各样的人造棉绒毛皮。

奢侈品和高级时装款式的廉价替代品的出

现，满足了几乎所有阶层的女性对时髦的渴望，也刺激了制造商和广告商的生产和销售。事实上，发达的生产和销售方式迎合了这一新兴市场的需求，促进了这一时期不断增长的"时尚民主化"。

时尚消费市场的增长伴随着杂志文化的大幅扩张——越来越多的低端出版物帮助指导女性购物。此外，成衣公司的数量也出现了爆炸式增长。这些公司在1920年代起步，但在30年代，随着生产技术的不断改进，它们才真正发展起来。特别是目录购买公司，通过广泛的营销和产品线的合理化，建立了广泛的全国网络。美国的西尔斯·罗巴克（Sears Roebuck）和英国的Littlewoods是两家大公司。

目录购物彻底改变了女性购买衣服的方式，其原因多种多样。这并不是什么新发明；它的起源可以追溯到19世纪下半叶，当时新扩张的百货公司向外地顾客发行商品目录。广泛的铁路网络为更广泛的消费者群体提供了便利，接受邮购的公司应时蓬勃发展。对于许多女性来说，在家购物确实是一种权宜之计，因为这些公司都提供了一整套商品——从睡帽、班卓琴到厨房水槽，任何东西都能在一家买到。这免去了往来勘察和购物的苦差事，带着孩子的母亲尤其困难。这些目录邮购不仅方便，还建立了品牌认知度、信任度，从而扩大了客户的数量，并通过提供固定价格、分期付款、邮政折扣和便利的退货政策来鼓励多次购买。

1932年，Littlewoods在英国推出了第一本邮购目录，并开始鼓励顾客参加"先令俱乐部"。参与人群大多是女性，购买俱乐部的一份或多份股份。俱乐部组织者每周收集每个人的先令,根据参与者的数量,相当于每周几英镑的商品。然后,成员们通过抽签来决定他们收到商品的顺序。除了名单上最后一个倒霉的人,所有成员都会在付款之前拿到他们的货物。俱乐部的组织者也会得到自己的购物折扣。筹集到的钱可以购买目录上的任何东西,但绝大多数这类俱乐部组织都是由女性建立起来购买服装的。

建立这些俱乐部是刺激销售的聪明举措,同时,它们清楚地表明,低端市场上越来越多的女性想要时尚的衣服。受精英们豪华晚装的启发,越来越多的"时尚服装"填补了市场的空白,它们提供了大量实用的日装:西尔斯和Littlewoods百货公司都出售毛皮或类似毛皮的外套和披肩、婀娜多姿的仿真丝修身长款晚礼服和饰有钻石的配饰。这些商品的销售伴随着新的休闲场合和低阶层消费群体的出现,比如电影院,这些"奢侈"时尚融入了女性的生活,成为女性的必需。

时尚巴黎的影响

1920年代,目录邮购和成衣公司也会提供它们关于高级时装的理解或高级时装的复制品。事实上,在1930年代之前,巴黎的高级定制时装产业是无可争议的优雅奢华的女性时装的唯一主宰,以至于整个世界都指望巴黎的沙龙来发布时尚趋势。如果巴黎要求裙子下摆变低,全世界都会效仿。尽管伦敦和纽约的时尚产业蓬勃发展,但人们普遍认为"大写F的时尚"只能起源于巴黎。

在1920年代,来自世界各地的顾客每年两次前往巴黎,观看和购买他们喜爱的高定时装设计师的最新产品。百货商店老板和成衣制造商也加入了这些精英顾客的旅行队伍,他们远道而来,寻觅他们家乡的顾客所期待的下一季流行的时尚。从一开始,仿制就是高级时装行业的一部分。对此,巴黎的时装屋早有意识,仿制无论如何都会发生,因此它们出售仿制的官方模版,试图规范和利用这种行为。保税模版是最初"租借"给制造商和零售商的高级定制服装,这些制造商和零售商将这些模版作为精细复制的来源,然后由大型百货公司以时装设计师的名义进行零售。被称为"白坯样衣"(Toile)的平纹棉布制模版也以类似的目的出售给中端市场,时装沙龙甚至会为低端市场的低端提供时装纸样版。这个系统意味着巴黎高级定制时装的季节性风格变化被有效地渗透到整个时尚行业和全球。

然而,1929年的股灾严重地动摇了这种合法化的时尚复制系统。在美国,为了应对经济衰退,时尚记者和社会名流们通过广泛的爱国主义广告宣传,鼓励人们购买"本土"服装。为了强调购买本地商品的必要性,实际上也是为了限制外国商品的消费,进口关税也被提高了。巴黎高级定制时装的税率可能高达90%。美国客户和他们的资金一直是巴黎高定时装行业的基石,他们的缺席,更显其重要性。有趣的是,高税收也解释了这一时期高级时装(目前博物馆中陈列的藏品)往往没有价格标签,因为顾客在到达美国之前就把它们剪掉了,以避免缴纳进口税。购买并没有完全停止,因为世

左图
服装店内插图。*Le Petit Echo de la Mode*，1933年

界仍然依赖巴黎来为所有优雅的东西奠定基调，但这种购买有了新的特点。不仅个人客户大幅减少，百货公司的采购也更加克制，以前，每家公司都会订购各种各样的礼服、化妆品或保税款式，而现在，几家商店的买家会把他们的钱集中起来，以卡特尔（cartels）垄断形式只订购少量货物。有些参与者后来完全退出了这一体系，转而收集和出售通讯社发布的巴黎作品的照片，这些照片可以作为复制的灵感。对此，巴黎以各种方式进行报复应对，最重要的是高级定制时装大幅降价；有些设计师甚至把价格砍了一半。这种成本削减的做法要求减少生产过程的繁琐和复杂，减少劳动力和面料的使用。这是一个重要但经常被忽视的促成十年廓形变化的因素。他们试图吸引顾客的另一种方式是通过引入"半定制"时装，只需要试穿一两次，因此比传统的高级定制服装便宜得多。各大品牌也推出了价格较低、不那么复杂的限量版产品，一些品牌还增加了毛衣等成衣产品的范围，一些女装设计师甚至提供邮购服务。某些高定

女装设计师还在他们的作品中增加了人造纤维的使用，这同样允许大幅降低价格。

前面提到的缓慢的风格变化可以印证卢西恩·勒隆提出的概念，"投资品"——优雅的经典而不是最新的时装。虽然许多时装店幸存下来，有时只差一点点，但也有一些被迫关门——巴杜（Patou）、切鲁伊特（Chérui）和道维莱特（Doeuillet）都没有撑过这个十年。在1920年代非常受欢迎的俄罗斯刺绣店也被迫关闭，因为在迫使设计师和顾客都寻找一种不同的、更便宜的奢侈品的氛围下，对复杂而昂贵的手工制品的需求几乎消失殆尽。伴随着服装销售的萎缩，香水和配饰市场却得到了扩张，成为时尚行业的重要组成部分，并最终帮助时尚走出了生存的困境。

在1920年代成衣市场的巨大增长中，当地时装设计师定制服装的中端市场得以保留，但在30年代，这部分市场开始衰退。随着成衣行业的成熟，它能够提供更广泛、更实惠、同时制作更精良的时尚服装。战后廓形的简化使得精英设计来越容易被复制，但穿着完美合身的服装仍然是财富和地位的标志。由于没有标准化的尺码，成衣公司的运营数据仍然不足，更糟的是根本没有数据，而且各家公司的尺码差异很大。20年代流行的是宽松的口袋装，不需要完美的服装尺码，而30年代慵懒的廓型不再是到处畅行无阻的流行款式。

完美合身和时尚配饰

西尔斯百货深知这种需求，以及个性化定制服装所蕴含的财富和奢侈内涵，因此推出

一系列"半成品"套装。该公司在1930年推出的时装产品目录被预测为"有史以来最成功的风格创意",并承诺为女性提供的是最注重细节设计和专业剪裁的时装。这些衣服的剪裁、缝合、打褶和褶缝等复杂的工序,都由一家高级时装制造商熟练缝制完成,人们只需完成若干容易缝合的部分即可穿戴,允许个人调整,以达到完美的合身程度。销售这一系列的"半成品"时装,不仅显示出人们对经济实惠的完美搭配的渴望,还暗示了其他一些更有价值的追求:由于大萧条的影响,西尔斯百货的新消费者不得不从购买定制时装转为购买成衣。许多以前买得起定制服装的女性被迫放弃了这种奢侈需求。西尔斯迎合了这个市场,并尽一切努力让新客户感到满意,让他们放心,他们不会失去他们所习惯的契合度或质量。它的广告语说,在西尔斯"能从美国最好的设计师之一那里买到最正确的服装款式",这些服装的零售价通常为"25美元到50美元",并强调即使"没有经验的人也能完成简单的接缝"。最后一条评论显然是针对以前的高级定制客户,她们与大多数工薪阶层女性不同,这些客户几乎没有或根本没有缝纫经验。

在过去的十年里,在家做衣服仍然很受欢迎,对许多女性来说,这是获得时尚气息的唯一途径。服装纸样公司提供了越来越多的可在家制作服装的纸样版,有几家公司与巴黎大牌设计师达成了利润丰厚的协议,因为"巴黎"的风格一直是家庭裁缝们所迫切追求的东西——不言而喻,法国首都及其高定时装设计师在时尚界仍然拥有权威。这些自制的裙子可

以配上廉价而迷人的成品配饰,如钻石礼服夹、手镯、胸针和项链、刺绣手袋、皮草、花哨的鞋子和现代的帽子等,这些在大多数目录邮购公司都可以买到。手套也是时尚衣橱的重要组成部分;手肘长度的手套可以搭配晚礼服,穿着日装套装时,可以选择面料或皮革制短款手套或礼服长款手套。制造商和零售商也推出颜色丰富的帽子、手套、包和鞋等配套产品。1936年春季,芝加哥的马歇尔菲尔德(Marshall Field's)百货商店推出了一款黑色帽子,帽子上饰有一个不同颜色的蝴蝶结,有"潘诺酒绿、苹果花粉、含羞草黄或康乃馨红",并指导女士们选择与之搭配的手袋。

鞋子种类繁多,包括平底鞋、高跟鞋、绑带鞋、踝带鞋和带扣鞋。低跟"观赛"拼色拷花皮鞋和其他类型的双色鞋也出现在30年代初。这个时期生产的手袋看起来具有20年代特征。最初,钉珠和搪瓷涂层网编手袋比比皆是,而在这十年的后期,皮革变得越来越受欢迎。在整个1930年代,帽子仍然是一个关键的配饰,因为所有阶层的大多数女性仍然认为不戴帽子出门是低俗的,但就像时尚的廓形一样,帽子也变得更女性化了。1920年代,裹住头发和大部分脸部的钟形帽并没有消失,但更小的"无边便帽"和贝雷帽,以及大檐帽开始流行起来。

这种更柔软的头饰符合那个时代丰满、迷人的发型。20年代的有棱角的波波头被更丰满的半波、手指卷发或波浪卷发所取代。烫发的流行与当时美发技术的发展是同步的。加热滚筒烫发机很早就出现了,但直到1930年代,

烫发就像染发一样，一直被认为是一个危险行业，尤其是因为其中涉及许多化学物质。随着试剂知识的增加，烫发变得更安全，更容易，许多公司提供家庭烫发套件。头发的颜色也受到时尚变化的影响。在1920年代的时装插画中，模特主要是深色头发，因为时尚并不代表现实，而是完美的理想美，所以可以认为深色头发是首选。然而，到了30年代，人们彻底转向了用过氧化物漂染的金发。虽然染发剂的改进与这一现象有很大关系，但白金色头发流行背后的主要原因可以归于好莱坞。当卡罗尔·隆巴德、珍·哈露（Jean Harlow）、贝蒂·戴维斯（Bette Davis）和琼·贝内特等女演员染成金发时，世界其他地方也纷纷效仿。

在之前的十年里，好莱坞推动了清晰可见的化妆品的普及，它的影响在1930年代继续发扬。1927年，彩妆品牌蜜丝佛陀（Max Factor）开始在电影行业之外销售它的化妆品，并凭借它在该行业的关系，通过名人代言创造了巨大成功的广告活动。虽然明星们只收到象征性的费用，但这些代言是互利的。这些广告宣传了两位女演员的新电影，明星气质很快让该品牌家喻户晓。30代的新晋品牌露华浓（Revlon）和Monteil，以及老品牌如霍比格恩特（Houbigant）、雅德利（Yardley）和科蒂（Coty），都生产了符合时尚的新型腮红和粉饼。伊丽莎白·雅顿（Elizabeth Arden）被认为是当时最高档的彩妆品牌，因其明亮的口红和眼影而闻名，并在该公司广告活动中被赞誉为是"色彩的典范"。

1930年代最受欢迎的肤色是一种天然的粉红象牙色或较浅的白蜡色。"栀子花""茶玫瑰"等颜色的粉底，或搭配象牙色和紫色粉底，让肌肤看起来完美无瑕。当时的许多女性不喜欢使用流行的淡粉色腮红，倾向保持浅白蜡色的外观。在30年代的后半段，橙粉底开始流行起来，覆盆子色和紫色等深色腮红越来越多。早年的嘴唇是浅粉色的，但从30年代中期开始，嘴唇变得更深，轮廓更分明，衬托出白皙的脸庞。流行的颜色有"牛血""市海""中国红"和"草莓"色。嘴唇的形状通过延长圆润的弓形来加强，并在唇角上大量涂抹口红，以达到丰富和迷人的效果。1932年蜜丝佛陀推出了第一款被称为"X级"的唇，它提供了口红的轻量级替代品，并散发出性感和湿润的光芒。

眉毛也被修剪成铅笔线条般的细眉，有女性更喜欢把眉毛全部剃掉，然后用眉笔画自己想要的眉形。眉毛会向太阳穴延伸，达夸张的效果，并涂上凡士林，让眉毛看起来闪发光。眼睑被涂成蓝色、珍珠色、紫罗兰色、绿色、棕色和灰色，或者涂上凡士林，以配合泽的眉毛。眼影广告为女性提供了建议，不为不同的头发和眼睛颜色提供了正确的眼影调，还建议她们如何在颜色上与服装协调。色和黑色的睫毛膏很受欢迎，假睫毛也很受迎，通常会呈浓密的卷曲状。眼睛和嘴唇一样是脸部的焦点。

彩色指甲油（作为汽车用珐琅漆的副产发明的）在1930年代出现，但当时还没有遍流行。这无疑是好莱坞最慢的流行时尚。尽管黑色指甲油在1932年一度成为时尚，但

10919

10920

10921

10922

10923

10924

10925

10926

10927

10928

10929

10930

10931

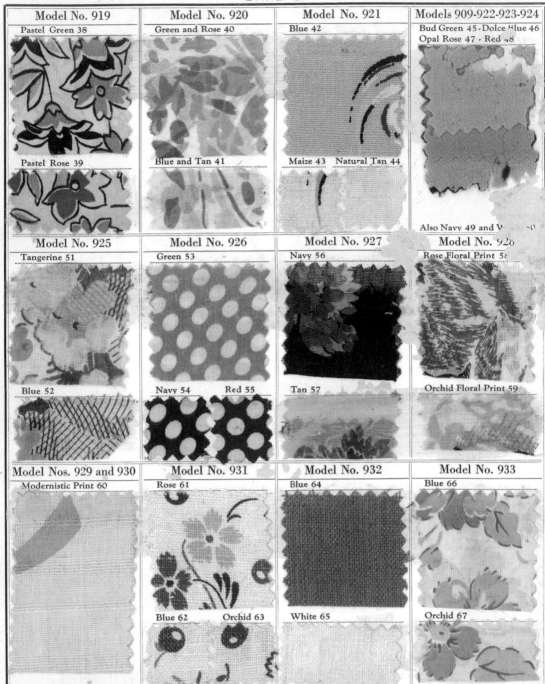

Model No. 919	Model No. 920	Model No. 921	Models 909-922-923-924
Pastel Green 38	Green and Rose 40	Blue 42	Bud Green 45 - Dolce Blue 46 Opal Rose 47 - Red 48
Pastel Rose 39	Blue and Tan 41	Maize 43 Natural Tan 44	Also Navy 49 and W 50

Model No. 925	Model No. 926	Model No. 927	Model No. 928
Tangerine 51	Green 53	Navy 56	Rose Floral Print 58
Blue 52	Navy 54 Red 55	Tan 57	Orchid Floral Print 59

Model Nos. 929 and 930	Model No. 931	Model No. 932	Model No. 933
Modernistic Print 60	Rose 61	Blue 64	Blue 66
	Blue 62 Orchid 63	White 65	Orchid 67

"All Materials Used Are Guaranteed Fast Colors"

Card T

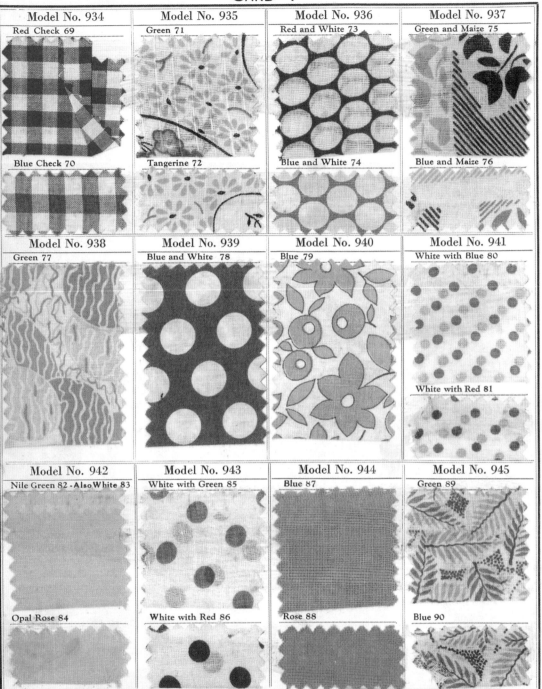

Model No. 934	Model No. 935	Model No. 936	Model No. 937
Red Check 69	Green 71	Red and White 73	Green and Maize 75
Blue Check 70	Tangerine 72	Blue and White 74	Blue and Maize 76

Model No. 938	Model No. 939	Model No. 940	Model No. 941
Green 77	Blue and White 78	Blue 79	White with Blue 80
			White with Red 81

Model No. 942	Model No. 943	Model No. 944	Model No. 945
Nile Green 82 - Also White 83	White with Green 85	Blue 87	Green 89
Opal Rose 84	White with Red 86	Rose 88	Blue 90

"All Materials Used Are Guaranteed Fast Colors"

序言：1930 年代的时尚

前页图、下图

夏装面料样品。哈福德女装公司（Harford Frocks Inc.），约1930年

新沙滩装时尚展，巴黎马德里城堡，1931年

些涂抹指甲油的人在这十年的最初几年里，还是选择了淡玫瑰色、浅粉色和奶油色。从1934年到1935年，越来越多的女性开始使用该产品，深浅不一的红色、珊瑚色、祖母绿、珍珠母灰、矢车菊蓝、淡紫色、金色和银色与服装相搭配。指甲油只涂在指甲中心，在指甲表面上方呈半月形，指甲尖裸露；后来只剩下指甲尖是白色的。就像嘴唇和眼睛一样，指甲也应该相配。正如Cutex公司宣称的那样，"嘴唇和指尖相匹配，体验新感觉"。这不仅是鼓励化妆品和服装的"搭配"，也是一种聪明的营销技巧，它还表明化妆品公司相信化妆品是每个人都可以享受的奢侈品——即使在困难时期。

好莱坞魅力的诱惑

然而，好莱坞的影响不再仅仅局限于发型和妆容，作为一个声誉良好的行业，它产生了一种不可忽视的力量，引领着时尚的发展。对于巴黎的高级时装来说，好莱坞还没有构成真正的威胁，不过对于银幕上明星们的穿着，普通女性

下图
日装和晚礼服精选。*Le Petit Echo de la Mode*，1932年

La toque de jadis et la nuance
aubergine sont en faveur.

开始投去了更多的关注。最初，许多巴黎时装设计师认为好莱坞的时装过于花哨，近乎庸俗，但最糟糕的状况是，它们太受欢迎——它们的包容性很强，与巴黎时尚倡导的个性背道而驰。很快巴黎设计师就意识到，他们不能忽视电影的影响，并承认这是一件可以互利的事情。卢西恩·勒隆说："我们时装设计师不能离开电影，就像电影不能离开我们一样。我们能印证彼此的直觉。"

这种转变源于这样一个事实：1930年代初，有声电影已经成为一种全球现象。再加上电影制片厂对影院的收购和片场的扩张建设，构建了自己的专有产业链，这意味着好莱坞电影主导了全球电影的生产和消费。五大巨头——派拉蒙（Paramount）、华纳（Warner）、美国影业大亨马库斯·洛伊的米高梅（Metro-Goldwyn-Mayer）、福克斯（Fox）和雷电华（RKO）——竞相建造奢华的电影院，这些电影院非常宏伟、现代和豪华，以至于它们被称为"电影宫殿"。这些宫殿不仅会展示制片厂的最新影片，还有较大的影院会设有茶室和舞厅等，用于吸引顾客，实现了产业链的最大化利润。可以说，电影在两次世界大战之间成为一种新的信仰，而有声电影中的明星也成为银幕上的男神和女神。技术的进步和萧条的经济气氛在30年代孕育了所谓的"魅力岁月"，将近整整十年的奢华与不切实际的电影为人们提供了一个空间，逃避日常现实中的困扰和艰难。

好莱坞在1930年代推出了几款令人难忘的时装，包括葛丽泰·嘉宝（Greta Garbo）在《罗曼史》（1930）中戴的尤金妮皇后帽（Empress Eugenie hat），费雯·丽（Vivien Leigh）在《乱世佳人》（1939）中扮演斯嘉丽·奥哈拉（Scarlett O'Hara）时穿的普伦基特设计的"烧烤裙"，以及最著名的电影《莱蒂·林顿》（1932）中琼·克劳馥（Joan Crawford）穿的那件褶饰棉纱连衣裙。这条裙子卖出了数千条，1932年 Silver Screen 杂志写道："巴黎可能会做出这样或那样的决定，但当克劳馥女孩穿着泡泡袖出现时，午茶之前巴黎的大街小巷一定满是泡泡袖。"据估计，以林顿为灵感设计的礼服共售出了50多万件，不仅仅是成年女性喜欢上这条裙子，正如 Vogue 在1938年指出的那样："这个国家的每个小女孩，在电影《莱蒂·林顿》发布的两周内，都觉得如果她不能拥有这样的裙子，她会死。结果，全国到处都是小琼·克劳馥。"

早在1932年，Silver Screen 杂志就开始关注这种影响，它大胆地写道："一些老古董可能仍然会向巴黎寻求时尚……但你我都知道巴黎根本不是好莱坞的替身。"实际情况比勒隆描述的更加复杂，也更能相互印证。虽然这十年的许多时尚都归功于好莱坞，但它们的实际起源并不像乍一看那么明确。事实上，洛杉矶和巴黎之间似乎存在一种共生的、双向的关系。例如，珍·哈露在1933年的《八点的晚餐》中穿的斜裁露背款查米尤斯绸缎礼服是对薇欧奈作品的一个很好的模仿，但是，当电影还没引起人们太多的注意时，哈露身上的裙子却一夜成名，卖出了数千件。同样，沃尔特·普伦基特在1931的电影《壮志千秋》中为艾

右页图

1932年，女演员琼·克劳馥在《莱蒂·林顿》中穿的这件白色棉质薄纱礼服，设计有大的、肩部蓬起的褶饰袖子，是由好莱坞服装设计师阿德里安设计的，因其设计被大量复制而鼎鼎有名

琳·邓恩（Irene Dunne）设计的羊腿袖款服装，以及阿德里安为琼·克劳馥设计的宽肩套装（显然是为了平衡她的臀部），都成为时尚追求的翘楚。这十年里，时尚的肩部造型受到好莱坞的影响——导致这种时尚如此流行，以至于巴黎人都无法忽视它，事实上，这种廓形为时装设计师们广泛采纳。对此，勒隆似乎一针见血地指出：好莱坞和巴黎相互印证。

由于电影在拍摄后可能需要长达一年的时间才能上映，电影公司意识到，过于模仿巴黎的时装可能会显得过时。为了避免这种情况，制片公司准备独立开发影片系列服装。当然，明星设计师设计的时装仍然与巴黎人的廓形相呼应，但在一些细节上有明显的差异。应该说，好莱坞的设计，缺乏对细节的思考——马拉布鹳羽毛披肩、亮片、褶饰、金银丝织……好莱坞把巴黎式的优雅变成了夸张的魅力。

1920年代有声电影的诞生，意味着电影可以融入越来越复杂的叙事。有声电影还允许更多的角色发展，自此，银幕美女有了声音和真实的个性，他们的吸引力和受欢迎程度呈指数级增长，因为观众发现更容易与明星建立情感纽带。这种情感纽带通过明星制度得到了强化，好莱坞自己的分级制度将男女演员转变为明星产品。这一理念围绕着三个关键点：创造、推广和利用。这些制片公司通过美容（包括整容手术）、演讲课、舞蹈和表演课，将年轻的天才们改造成迷人的角色，通常还会发明"新"名字，书写新历史。这种刻板印象是合理的，因为公众接受一个明星是基于一组性格特征、习惯和联想，这些特征在他们所有的电影中都是

一致的。同样，他们在屏幕外的形象也要与他们在屏幕上的形象相匹配，道德契约条款也成了造就明星的重要内容。

聚光灯炙烤着明星的一招一式，一眼一瞥——只要聚光灯不熄灭，演员们，即使是当红的女星们也不能擅离摄影棚，银幕女神就是这样炼成的，她们美丽的肖像，经过精心设计和拍摄，源源不断提供给社会大众。影片宣传人员和杂志编辑有着一种互惠互利的关系——前者提供源源不断的信息和图片，后者则在其页面上给予肯定、支持，强化明星制造，并从中获利，反过来杂志的名声也能飙升，从而吸引更多高质量的受众——这是一种双赢的局面。一旦明星的名声建立起来，这些迷人的明星就成为时尚偶像、理想的榜样和完美的营销工具，因为全世界的女性都知道她们，并渴望像她们一样。好莱坞充分意识到这种欲望的潜在价值，并进行了深度挖掘。

电影技术的进步也促进了电影类型的拓展——恐怖片、音乐剧、喜剧、爱情片……这反过来又让电影通过叙事、场景布置和特有的风格来瞄准特定的观众。让女性进入影院是关键，正如1931年*Film Daily*所指出的："华纳兄弟影业的一位高管也曾公开表示……'一般来说，是女人把男人带进了影院，因此，为女人拍摄的电影一定会流行。'"针对女性观众的电影通常围绕传统的浪漫情节，总是以奢华的时尚为特色。电影就像高端时尚杂志，指导女性追求最新的时尚和造型。事实上，制片公司的影业宣传部门在利用时尚作为吸引女性的手段上做出了巨大的努力。传奇服装设计师伊

序言：1930 年代的时尚

左页图
彩色摄影棚拍摄的女演员诺玛·希勒，穿着白色丝缎晚
礼服，搭配白色狐狸毛皮披肩。米高梅（MGM）影业，
1930年

25

丝·海德这样评价这些努力："宣传部门立即开始工作，把任何一部影片的公演当作一次时尚盛宴。"

但是，仅仅把这些电影视为逃避现实的娱乐，利用传统女性形象来吸引观众，就会错过对奢侈品的重视，误解电影的时尚特征：影片的推广与处于行业核心的更大的营销和消费结构密切相关。好莱坞与华丽的时装联系在一起是再自然不过的事，因为它背后的大佬们最初从事的职业大多与时尚相关：美国电影工业的先驱之一塞缪尔·戈德温（Samuel Goldwyn）曾是一位手套推销员，威廉·福克斯的工作是为服装制造商检查面料，路易·B. 梅耶（Louis B. Mayer）卖过旧衣服，哈里·华纳（Harry Warner）从事修鞋行业。这些影业大佬都明白时尚的力量，清楚地看到了营销机会。此外，由于好莱坞得到了美国一些最大的银行、投资商和知名公司的资助，为了回报它们的资助，相关产品的植入是至关重要的。通过两种不同的策略，该行业积极鼓励消费：展示商品，包括时尚和品牌制造商的合作。

电影制作人承受着出品人和影业公司的双重压力，影片必须符合现代商品的制作要求。导演和制片厂老板雇用了有才华的艺术家和专业人员，包括服装设计师，他们期望从最新的时尚中汲取灵感，为有时尚意识的人创作有时尚感的电影。这个星光熠熠的秀场将现代时尚传播到美国各地，从大都市到偏远小镇，甚至世界其他地方。设计师和电影制片公司利用了电影，推动了时尚的流行，电影作为免费的时尚广告，随着影片上演，相关的时尚商店和特许经营店会很快出现，专门销售电影服装的授权产品。

1930年，伯纳德·沃尔德曼（Bernard Waldman）成立了Modern Merchandising Bureau，为全美1400多家商店提供电影时装的独家复制品。出售银幕类型风格商品的商店，还包括梅西（Macy's）百货内部的"电影院商店"，都被列在电影杂志上，以"帮助"女性找到最近的商店。杂志编辑们通过时尚竞赛来吸引女性购买杂志，在这些竞赛中，幸运的读者可以"赢得一款她最喜欢的明星服装！"这些服装不仅为杂志带来了销量，还激起了人们对这位影星服装的购买欲望。这些杂志的后面通常附有优惠券，让家庭裁缝可以订购这类银幕服装的纸样版，所以即使那些买不起成衣的人也不会被排除在消费客户之外。杂志开始宣传这样一种观念：如果你穿得像某个明星，化同样的妆，剪同样的发型，那么你也可以迷人而快乐。正如埃娜·格伦（Ena Glen）在Filmfair杂志上解释的那样，"每个女人的目标应该是找到一个与自己的脸、身材或气质相似的明星，并从中获得灵感。选衣服将成为一件简单而有趣的事情。"通过这种方式，鼓励女性积极消费，好莱坞赚得盆满钵满。

与其他企业的联合，这是好莱坞对现代消费施加的另一种影响（如果不是塑造的话）。围绕着特有的产品，工作室和品牌制造商依据合同协议参与产品的宣传。广告植入是常见的联合形式，早期的例子中，可以看到一些流行的软饮料直接出现在屏幕上的显著位置，当然，还有许多其他现代商品可以更容易与场景融

合，而不被注意。这些产品包括冰箱、汽车、衣服和配件。与这些电影首映相伴的是大型的促销活动，其赞助品牌的商品在电影中植入。对于主要的产品，这些远远超出杂志和报纸的宣传。商店的橱窗张贴的男女演员的照片，以及其他的促销材料也被用来提醒顾客，商店出售的商品是由他们最喜欢的明星代言。电影明星甚至在美国各地开展宣传活动，每一站都设有赞助商的展厅，并在广播和印刷媒体上为其产品代言。正如后来成为美国电影协会会长的威尔·H.海斯（William H. Hays）在1930年所说，美国电影的每一英尺都有一美元的附加值，承载着美国产品，销往世界。大的影业公司都设有专门的"开发部门"，负责审查所有新剧本，把它们分成产品类别，然后寻找恰当的赞助商。这种联合是一项非常严肃的工作，不仅影响对剧本的表演，产生一些难以意料的后果，还会对产品的销售产生一些不可逆转的后果，影响消费者的选择，包括时尚选择。

不仅仅是电影被利用，个别明星也利用他们自身的吸引力赚钱。秀兰·邓波儿（Shirley Temple）的丝带、发带、卷发器等明星产品都获得了许可证……所有这些都是为了让小女孩能拥有她最喜欢的明星的一部分。这些既便宜又被广泛收藏的明星商品和明信片通常都附有关于时尚、化妆和发型的详细信息。1932年，康泰纳仕（Condé Nast）出版推出了Hollywood Pattern Company（译者注：由康泰纳仕开发并销售的时装纸样，每款纸样价格在40美分至2美元之间，每个款式的纸样是独立包装，并在包装封面上印有明星照片，在

当时非常受欢迎；时装纸样的持续开发推出，到第二次世界大战结束），使用电台和电影明星的照片美化它的包装，公司一夜之间获得成功。似乎任何由好莱坞女演员形象代言或装饰的东西都很畅销。在这个时期，明星的魔力沁润在各种产品里，尤其是时尚服装。西尔斯百货的商品目录上有"签名时装——好莱坞明星穿的时装"，模特是金格尔·罗杰斯（Ginger Rogers）和洛丽泰·杨（Loretta Young）。这些电影时尚更吸引人的是，标签上明星的亲笔签名；只要花3.98美元，女性就可以买到她们喜欢的表演艺术家的签名。大多电影明星是销售高手，他们的时尚和美颜，成了世界的渴望和灵感。

时尚在德国

当时的德国是一个例外，对迷人的银幕梦想并不热衷。阿道夫·希特勒和纳粹主义者们不喜欢任何外国的东西，反而大力提倡德国雅利安人的替代方案。1930年代前，德国与世界上其他国家一样，一直追随巴黎的时尚潮流。但希特勒掌权后，就打算改变这一现状，发起了各种倡议，强化德国的主导地位，弱化法国的影响。1933年，成立了德国服装行业雅利安制造商协会（ADEFA），隶属于德国经济部，以确保时尚行业的雅利安化。事实上，这是一种毫不掩饰的企图，目的是清除被认为受欢迎的因素，特别是犹太人。该组织还会展示德国时装系列，并定于在巴黎时装周前一周完成——其目的昭然若揭：展出的是德国原创设计，表明它没有受到外国或堕落的影

这些"纯"德国服装，协会贴上标签向买家保证，这些服装是经"纯雅利安人的手"制造出来的。

希特勒认为高级时装是"犹太人阴谋"的一部分，不应该鼓励女性穿着外国服装。巴黎的装饰文化和好莱坞的时髦享乐主义在纳粹主义中没有一席之地，他们提倡节俭、尊重地球、自然美、献身于更高的事业、为国家服务并强调女性作为妻子和母亲的角色。纳粹政权认为这些非德国的时尚和生活方式是对德国的直接威胁，并警告说，女性与这些时尚和生活方式的接触将导致她们的堕落。她们列出的"敌人"名单包括外国时尚、裤子、暴露装、化妆品、香水、染发和烫发、拔眉、节食（因为它会影响生育）和吸烟。虽然这些名单中的事项只有少数是法律禁止的，但它们的使用是不受鼓励的，会被贴上不爱国的标签。

为此，纳粹为这些外来的外表和价值观提供了多种替代方案：真正的美应该是内在的，来自良好的品格和自豪的母性，而不是外表。人们应该提倡健康的户外运动，而不是节食，美被贴上了爱国标志。皮肤健康，不化妆，头发自然地梳成发髻或发辫，被认为是德国人的健康形象，这样做还能省钱省力。在服装方面，传统的德国民族服装Tracht被推广为一种正确的精神象征，强化表达乡村社区的牢固团结。Tracht从未大量流行，但尽管如此，1930年代的德国时装仍受到许多"传统"的影响，包括村姑式抽褶裙、衬衫和带有农家刺绣的连衣裙，以及巴伐利亚风格的女帽。总的来说，政权把德国妇女变成黑森林少女的努力收效甚微，

大多数德国妇女在整个十年中继续染发和涂唇。

虽然纳粹反对暴露装，但他们鼓励女性参与运动，接受年轻女孩穿短裤参加体育锻炼。由于健康作为纳粹政权追求的发展目标之一，纯粹和健康的种族是他们所追求的意识形态的基石，因此鼓励所有年龄的男子和妇女参加体育活动。追求健康的不只是德国人。1920年代，人们开始普遍追求健康和健身，到了30年代，人们对健康和健身的重视和参与程度越来越高。十年过去了，随着欧洲爆发战争冲突的可能性越来越大，对"国家健康"的担忧变得越来越重。越来越多的人，尤其是年轻人，被要求定期锻炼。虽然在一些国家，某些运动比其他国家有更明显的民族主义色彩，但在这十年中，对促进体育运动重要性的认识几乎成了所有国家的国家意识。

在时尚运动服方面，受运动服启发设计的日装很受欢迎，因为它们提供的舒适适合现代女性的生活方式。真正实用的运动服也发生了一些变化：泳衣变得更短了，设计款式多样化，背部呈深凹勺形，这样女性就可以炫耀在时尚露背晚礼服下晒出的肤色。詹森（Jantzen）开发的"美肩"（Shouldaire）泳装被设计成可以把肩带拉下来，以避免令人尴尬的晒痕——这清楚地表明对日光浴的崇拜正在日益流行。宽松束腰长袍曾是一种非正式的晚宴服装，但它在这种背景下出现了短暂流行。然而，它以沙滩装的名义真正取得了成功——沙滩装在整个十年中都很流行。

在大多数情况下，这十年的时尚仍然是迷人和女性化的，但随着战争的临近，风格再

10917

10918

左页图、下页图
两款灵感出自传统民族服饰风格的村姑式抽褶连衣裙，
Chic Parisien，1939年

时装展，灵感来自当时世界各地的主要时尚杂志，这些杂志将在即将上映的电影中亮相。国际新闻图片公司，好莱坞，加利福尼亚州，1933年

次转变。早在1936年，随着欧洲战争的炮声越来越大，设计师们开始调整他们的设计基调。最初，可以在细节和"民族"服装元素的结合中有所体现；然而，到了1938年（尤其是日装的设计），由于设计师们意识到未来对功能性服装的需求，军装风格的影响越来越明显，比如方形，男性化肩型的服装搭配低跟鞋。到1939年战争爆发时，虽然巴黎的设计师们仍在向美国买家展示豪华的服装，但面向国内市场，他们推出了更简单、更实用的服装，如裤子、毛衣和自行车套装等。

以华尔街崩盘的冲击开始的十年，以宣战告终。1930年代可以说是20世纪最动荡的时期，而在这十年的时间里，时尚的故事既复杂又迷人。它不仅为当时的世界树立了一面镜子，也为数百万妇女的生活树立了一面镜子，映射了她们的希望、恐惧和渴望。尽管被当时政治和经济的风暴事件所掩盖，30年代的时尚最终会在这本权威原始资料图集中赢得认可和尊重。

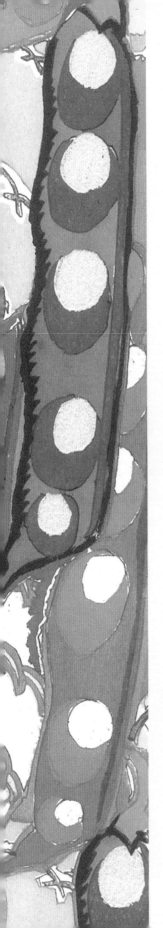

日装

下图，右页图一、图二
设计有水手款丝巾领的树叶图案印花双绉
连衣裙，约1930年

人丝绉印花连衣裙，设计有褶饰裙摆。哈福
德女装公司，约1930年

山东绸连衣裙，搭配一件饰有图案的上衣。
哈福德女装公司，约1930年

上方左图、右图

棉纺山东绸印花夏日套装，哈福德女装公司，约1930年

丝绸日装连衣裙，上身装饰有塔克褶，下身设计有褶饰裙摆。哈福德女装公司，约1930年

右页图

女演员多萝西·玛卡伊尔身着黑色配白色丝绸春季连衣裙，衣身饰有黄铜纽扣和环形饰边衣领，1930年代

Daywear

上方左图、右图

印花人丝重绉午后礼裙，外搭一件荷叶边褶
饰束腰中等长度的半裙；真丝薄纱漫步连衣
裙，设计有孔绣领和荷叶边裙摆；深蓝色蒙
古绉（Crepe Mongol：柔软，中等重量的
真丝织物）午后礼裙，裙身饰有褶皱饰片，
设计有孔绣衣领和袖口。*Chic Parisien*，
1930年

芥末黄罗马绉午后礼裙，裙身饰有装饰贴片
和孔绣乔其纱领；紫色乔其纱午后礼裙，V
形领口和袖子拼接有孔绣饰片；淡绿色府绸
午后礼裙，是衬衫式上身配悬垂褶饰裙摆的
设计。*Chic Parisien*，1930年

右页图

蓝色波蕾诺式连衣裙套装（bolero dre
原书中指的是一种连衣裙款套装，上身i
有配套短上衣或波蕾诺短外套，可以是一
式或分开式的剪裁），用宽边腰部饰带料
下身拼缝在一起；波蕾诺外套套装，内i
衣款衬衫和褶片拼贴式半裙；米色波蕾讠
连衣裙套装，设计有工字褶饰裙摆。C
Parisien，1930年

4567

4568

4569

Atelier Bachroitz

4567

4568

4569

5058

5059

5058

5059

5060

5060

Atelier Bachro

面图

色双绉衬衫式午后礼裙，胸前和裙身都
有悬垂的褶饰；米色粘胶丝绉午后礼裙，
饰有悬垂褶饰；黑色丝绉连衣裙，设
有褶裥裙摆，胸前一侧装饰有垂褶，还
一条红色配白色扭结而成的腰带。*Chic
risien*，1930年

下方左图、右图

粉色的马罗坎平纹绉午后礼裙，嵌缝有荷叶
边，配薄纱蕾丝领；黑色丝缎衬衫午后礼
裙，设计有尖状荷叶边裙摆和乔其绉制成领
口和袖口；乔其绉午后礼裙，点缀有颗粒刺
绣图案，设计有塔层衣领和相配的褶边袖
口。*Chic Parisien*，1930年

深紫色的圆领休闲大衣搭配垂挂的围巾；黑
色午后礼裙套装，外面是长款衬衫式外衣，
设计有大的衣领，内搭普通款式的半裙；浅
绿色的羊毛绉春季套装，中长款夹克搭配工
字褶半裙。*Chic Parisien*，1930年

下图

黑色羊毛绉午后礼服套装，中长款衬衫式外衣，内搭设计有孔绣丝巾领的乔其纱衬衫；白色和粉红色相间格纹海滩度假套装，上身是束腰夹克内搭乔其纱衬衫；设计有波浪底边的披挂式背部饰片和卷状翻领的黑色蒙古绉休闲大衣。*Chic Parisien*，1930

右页图

印花乔其绉午后礼裙，设计有装饰荷叶边嵌入式三角形披肩；黑色缎背绉午后礼设计有刺绣衣领和袖口，胸前饰有V形饰片；印花丝绉夏日连衣裙裙身饰有褶。*Chic Parisien*，1930年

5033

5034

5035

5034

6035

5035

„Chic Parisien"

4577

4578

4579

4577

4578

4579

Atelier Bachroitz

下图

紫色蒙古绉午后礼裙，设计有不对称式裙
摆；黑色配粉色缅甸绉午后礼裙，设计有波
蕾诺外套内搭衬衫的效果。*Chic Parisien*,
1930年

右页图

社交名媛艾拉·理查兹（Ira Richards）
着丝麻（真丝与亚麻混纺面料）夏季连衣
ACME新闻图片，1930年

No 382
„Chic Parisien"

4565

4566

4565

4566

Atelier Bachwitz

Daywear

上方左图、右图
玫瑰色双绉连衣裙，裙身饰有弧形饰带，上
身是波蕾诺式设计，袖子上裁有弧线形袖开
衩；印花真丝薄纱疗养胜地款连衣裙；印花
丝绉午后礼裙，上身是披肩式设计，下身设
计有倒褶（反向叠褶）裙摆。*Chic Parisien*，
1930年

横向条纹羊毛套装，饰有风车形线环装饰
细节；淡粉色丝绉制三件式套装，开襟外
套上设计有蝴蝶结式衣领。*Chic Parisien*，
1930年

面图
蕾马歇百货公司商品目录封面，1930年
展示了两款优雅的午后礼裙和夹克搭配
的套装，模特们都戴着相配的钟形帽

No 382
„Chic Parisien"

4580

4581

4582

Atelier Bachwitz

上图

印花真丝薄纱疗养胜地款连衣裙，搭配蕾丝
镶边披肩；白色棉纱夏季连衣裙，腰间穿插
装饰有蓝色天鹅绒腰带，设计有扇形裙摆底
边；粉色印花双绉午后礼裙，上身是饰有褶
边的波蕾诺式设计，裙身饰有两侧褶裥饰
片。*Chic Parisien*，1930年

右页图

查尔斯·詹姆斯（Charles Wilson Bre
James）设计的细格纹两件式套装，搭配
鸟粉色披肩。中央出版社（伦敦），1930年

日装

上方左图、右图

珊瑚色蒙古绉午后礼裙，裙身饰有条带拼接
设计，胸前装饰有V形乔其纱饰片；黑色缅
甸绉午后礼裙，设计有单侧披肩和荷叶边裙
摆；蓝色粘胶绉午后礼裙。*Chic Parisien*，
1930年

米色罗马绉午后礼裙，领口和袖口饰有双色
拼接双绉带；格纹羊毛春季连衣裙，点缀有
彩色三角形双绉饰片，裙摆拼接褶裥裙片；
蓝色双绉午后礼裙，设计有丝巾领系成的蝴
蝶结。*Chic Parisien*，1930年

右页图

玫瑰色罗马绉午后礼裙，配孔绣乔其纱
领；绿色午后礼裙，设计有穿插式衣领，裙
身侧面拼接有褶裥裙片；印花丝绉连衣裙，
搭配中长款外套，裙身饰有向内对褶。*Chic
Parisien*，1930年

5056

5055

5057

Atelier Bachwitz

5055   5056   5057

上图
两款夏日连衣裙外搭相配的外套。*Les Grandes*
Modes de Paris，1931年

9230.　9231.

上图
两款午后礼裙。*Les Grandes Modes de Paris*, 1931年

右页图
三 款 午 后 礼 裙。 *Les Grandes Modes de Paris*, 1931年

9216   9217   9218

Trois gentilles petites robes.

上图、右页图
女演员芭芭拉·斯坦威克穿着一件带有垫肩的午后礼裙，搭配头纱帽和露跟鞋，约1931年

女演员薇薇安·皮尔森穿着黑色羊毛套装内搭奶油色衬衫，这是由洛杉矶乡村俱乐部制造商公司设计的，约1931年

上方左图、右图

黑色套装，上身是紧身夹克装饰有蕾丝领巾，约1931年

黑色羊毛套装，波蕾诺风格开襟短外套搭配腰部系有黑色腰带的半裙，约1931年

Daywear

上方左图、右图

黑色日装连衣裙,设计有交衽式前门襟,裙
身饰有工字褶,约1931年

前身饰有绒球的羊毛绉连衣裙,设计有短款
喇叭袖内配贴身蕾丝袖,约1931年

日装

上图
三款乡村与城市服装。*Les Grandes*
Daywear　　*Modes de Paris*, 1931年

9219   9220   9221

上图
三款搭配波蕾诺风格上衣的午后礼裙。*Les Grandes Modes de Paris*，1931年　　　日装

下图、右页图

女子戴着宽檐草帽，穿着夏日连衣裙，照片摄
于"优雅的竞赛-世界名车展"，1931年

真丝白底黑色波点印花日装连衣裙，搭配白皮
鞋、白色草编帽，系蝴蝶结腰带，约1931年

Daywear

右页图

珍妮设计的"蔚蓝海岸"夏日连衣裙。*Les Créations Parisiennes*，1932年

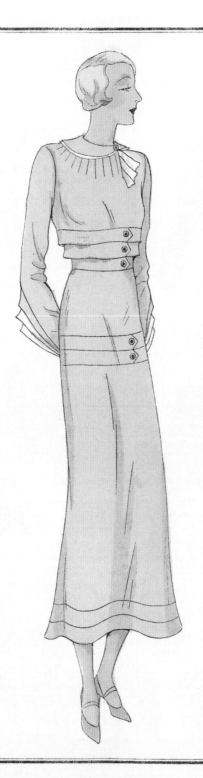

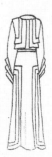

JENNY

Nº 212. - " Riviera. "
*Un nouveau lainage
léger a été utilisé
pour ce petit modèle
garni d'applications.*

J.5043

J.5044

Daywear

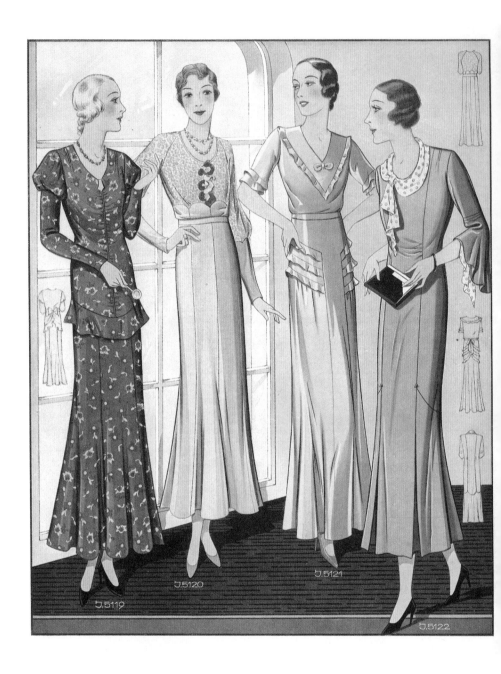

上图

J.5093
J.5094
J.5095
J.5096

上图
四款午后礼裙。*La Coquette*, 1932年

日装

J.5104

J.5105

J.5106

J.5107

Daywear

上图
好莱坞女演员玛吉·埃文斯身穿棕色羊毛绉
连衣裙，配白鼬毛皮领和腰带镶边，搭配配
套帽子和手套。米高梅影业，1932年　　　日装

左页图
四款日装连衣裙。*La Coquette*，1932年

下方左图、右图

饰有白鼬毛皮领的"Vice Versa"海军蓝色
丝绒午后礼裙套装;"Quelques Fleurs"午
后礼裙套装,上身为纽扣装饰的外套,均由
Martial et Armand时装屋设计。*Les Créations Parisiennes*,1932年

波尔卡圆点印花双绉连衣裙,配白色袖子和
衣领;海军蓝色羊毛绉连衣裙内搭条纹衬衫。
Les Créations Parisiennes,1932年

下方左图、右图

黄色配橙色沙滩裙和蓝色水手风格连衣裙。
Les Créations Parisiennes，1932年

Philippe & Gaston时装屋设计的"Croi-
sette"午后礼裙；杰曼·勒孔特（Germaine
Lecomte）设计的"La Croisette"沙滩
裙。*Les Créations Parisiennes*，1932年

下方左图、右图
米兰德（Mirande）设计的"法兰西岛"三件式套装，以及Martial et Armand时装屋设计的"Douce Aveux"午后礼服套装。*Les Créations Parisiennes*，1932年

绿色精纺羊毛套装，黑色半裙搭配白色山东绸衬衫和条纹针织西服背心。*Les Créations Parisiennes*，1932年

下方左图、右图
绿色山东绸夏装连衣裙配图案鲜明的衣领；
米色双绉连衣裙，配格纹领和袖子。*Les Créations Parisiennes*，1932年

"好莱坞"绿色连衣裙配奶油色蕾丝和"丽兹"午后裹身连衣裙，均由Philippe & Gaston时装屋设计。*Les Créations Parisiennes*，1932年

CHIC PARISIEN

5830

5831

5832

5830 5831 5832

上方左图、右图

红色马罗坎平纹绉连衣裙，胸前装点的垂饰
和衣领嵌有爱尔兰蕾丝花边；黑色乔其纱连
衣裙，饰有黄色拼绿色的领带和袖口饰带。

Chic Parisien，1932年

蓝色羊毛乔其纱修身连衣裙，配褶饰灯笼袖
和刺绣乔其纱领；黑色蒙古绉紧身肩带裙，
内搭绿色棉纱羊腿袖衬衫，搭配长款手套。

Chic Parisien，1932年

图

连衣裙，设计有开襟领和灯笼袖，裙身
有褶裥裙片；马罗坎平纹绉波点裙，上
计有斜向拼贴细节和围巾式圆领；蓝
衣裙，设计有肩部装饰的袖子，领口、
和腰带用波点印花马罗坎平纹绉制成。

Parisien，1932年

日装

651. Robe d'avant-midi en lainage vert pâle.
Boléro dessinant une partie piquée d'un
bouton. Plastron en toile blanche. Des
biais en pareil soulignent les hanches.

651

657. Robe d'avant-midi en crêpe de laine
gris-tourterelle. Modèle à devants fermés,
découvrant un fond en crêpe de Chine
à pois. Collerette en peau de Suède
gris pâle.

657

上方左图、右图
绿色羊毛日装连衣裙，裙身侧面拼接
斜裁裙片。*Les Grand Modèles*，约
1932年

淡灰紫色的羊毛绉午后礼服大衣，内
搭紫色波点印花连衣裙。*Les Grand
Modèles*，1932年

右页图、下页图
裸色乔其绉午后礼裙，搭配设计有圆
齿状饰边的波蕾诺风格叠襟上衣。*Les
Grand Modèles*，约1932年

七款优雅的午后礼裙，玛格丽特·兰
娜（Marguerite Ranna）设计。*Très
Chic-Sélection réunis*，1932年

Daywear

636. Robe d'après-midi en crêpe Georgette
blond. Boléro croisé, se continuant en
pan d'écharpe. Les bords sont dé-
coupés en dents arrondies.

636

Descn
F.19555

Descn
F.19556

Descn
F.19557

PARIS-COUTURE

Descn
F.19559

PARIS - COUTURE

Descn
F.19560

PARIS - COUTURE

Descn
F.19561

下图、右页图

黄色Suzette绉连衣裙，设计有披肩袖，配爱尔兰蕾丝领，下身是臀部育克拼缝褶饰裙摆；蓝色马罗坎平纹绉午后礼裙，上身前中剪裁呈尖角状，设计有V形领口和网纱制羊腿袖。*Chic Parisien*，1932年

丝绉午后礼裙，真丝袖子上饰有刺绣图案，裙身是围裙式设计，搭配水獭毛皮镶边的羊毛大衣。*Modèles Originaux*，约1932年

976

976 Robe d'après-midi en crêpe mat. Corsage drapé souple. Manches larges en
romain brodé soie et argent. Roses près du cou trois tons. Tablier tombant
vague. Ceinture tenant au dos, nouée devant.
976a Manteau en lainage, garni loutre.

下图、右页图

粉红色的山东绸连衣裙，配白色的山东绸衣领和漆皮腰带；灰色双绉午后礼裙，裙身设计有斜向拼接接缝，搭配蓝色双绉制腰带、衣领和袖口。*Chic Parisien*，1932年

波点双绉套装，设计有肩部褶裥饰片和褶裥裙摆；黄色卡沙细呢泡泡袖连衣裙，搭配宽腰带；蓝色针织泡泡袖连衣裙。*Chic Parisien*，1932年

Chic Parisien

5833

5834

5835

5833

5834   5835

下图、右页图

浅黄色麂皮大衣，饰有三角形大衣口袋；蓝
色定制裙装套装；Badianex金色裙装套装，
均由杰克设计。*Très Parisien*，1932年

*Les Créations Parisiennes*封面，1932年

下页图

七款漫步服。*La Coquette*，1932年

MIRANDE

J.5097

J.5098

J.5099

J.5101

J.5102

J.5103

5842

5843

5844

58

5842

584

5843

5844

5846

5847

5848

5849

5846

5847

5848

5849

前页图

波点印花双绉午后礼服套装，开襟短上衣设计有盖肩袖；黑色双绉紧身午后礼裙，配灯笼袖；乔其纱连衣裙，设计有塔层荷叶边装饰的短袖和裙摆；奶油色双绉连衣裙，上身设计有悬垂褶饰和袖口抽褶；印花雪纺紧身连衣裙，设计有交叉式披肩系于背部；酒红色连衣裙配灯笼袖，领口饰有镂空细节；蓝色配白色连衣裙，上身是波蕾诺风格的设计，衣领呈堆褶状，下身是喇叭形裙摆；还有一件印花双绉连衣裙，配七分袖，并饰有丝缎和双绉拼接制成的装饰结。*Chic Parisien*，1932年

上图、右页图

红灰绿三色苏格兰格子呢大衣，搭配针织套头衫和裙子的套装，由罗伯特·皮盖（Robert Piguet）设计。*Très Parisien*，1932年

双绉夏季连衣裙，裙身拼接有褶裥裙片，衣领和袖口上饰有褶裥饰边，外搭系有穿插式腰带的印花外套，1932年

"1002"

*Elégant ensemble en crêpe de Chine
imprimé. Robe agrémentée de plissés
Veste raglan au dos noué devant de ton opposé.*

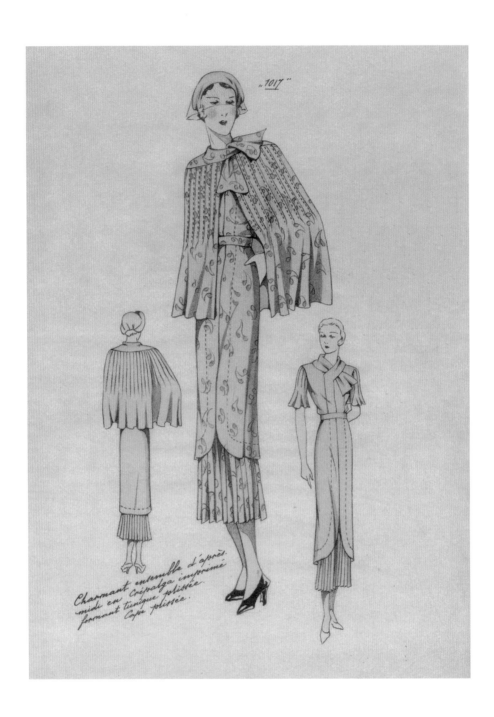

„1017"

*Charmant ensemble d'après
midi en crêpalga imprimé
formant tunique plissée
Cape plissée.*

上图、右页图
印花羊驼绉午后礼服套装，搭配披肩。约
1932年

双绉套装衬衫配半裙外搭无袖大衣。约

1932年

"1004"

Elégant en crêpe de
Chine. Manteau vague
ensemble. Blouse imprimée à
marches bouffantes.

右页图

粉色双绉午后礼服套装，上衣饰有垂褶，搭配中长款夹克；白底蓝色印花双宫绸连衣裙，设计有双绉制围巾式衣领和腰带穿插交织系于腰间；浅黄色连衣裙，裙身前中饰有向内对褶，肩上装饰有玫瑰花饰。*Chic Parisien*，1932年

CHIC PARISIEN

5827

5828

5829

5827

5827

5828

5829

上方左图、右图

马罗坎平纹绉午后礼裙，设计有喇叭袖和斜裁裙摆，搭配饰有阿斯特拉罕羔羊毛皮的大衣。*Modèles Originaux*，约1932年

安哥拉羊毛日装连衣裙，前胸和袖口饰有双色丝绉饰带，搭配饰有波斯羔羊毛皮的大衣。*Modèles Originaux*，约1932年

上方左图、右图
丝缎午后礼裙，配天鹅绒领饰，丝缎制
宽腰带系成蝴蝶结饰于腰后。外搭饰
有大尾羔羊毛皮的羊毛大衣。*Modèles Originaux*，约1932年

双绉制，中上价格的服装，饰有天鹅绒
领结，外搭饰有哈德逊水獭毛皮的大衣。
Modèles Originaux，约1932年

日装

上方左图、右图

安哥拉羊毛日装连衣裙，丝绸制衣领和领结
上装饰有金属领夹，外搭饰有麝鼠毛皮镶边
的大衣。*Modèles Originaux*，约1932年

丝绸午后礼裙，饰有金色亮片刺绣细节。外
搭饰有白鼬毛皮镶边的天鹅绒大衣。*Modèles
Originaux*，约1932年

右页图

蒙古绉午后礼裙外搭相配的大衣。*Modèles
Originaux*，约1932年

960

960 a

960 Robe matinale en lainage angora. Haut simulant sweater. Col et jabot
crêpe mat. Monogramme et ceinture de vernis. Clips et boucle métal. Jupe
rapportée montée à quatre lés.
960 a Paletot 7/8. Empiècement, col et manches nutria.

下图、右页图

三款日装连衣裙。*Chic Parisien*，约1932年

米色羊毛大衣，前身和背部饰有毛皮披肩；丝绸
午后礼裙饰有褶裥饰边；蓝色天鹅绒大衣，饰有
蓝色狐狸毛皮镶边，均由Martial et Armand
时装屋设计出品。*Très Parisien*，1932年

Les
Créations
Parisiennes

MARTIAL & ARMAND
Nᵒ 229. - " Smart ".
Manteau de lainage mar-
ron. Effet de doubles
pèlerines nouées devant.

DUPOUY - MAGNIN
Nᵒ 230. - " Corso ".
Robe tunique en
crêpe de chine uni
rouge et imprimé.

Daywear

上图、左页图
好莱坞女演员琼·贝内特身着一件白色夏日连
衣裙，宽大的翻领上印有散落的星星图案，搭
配同色系帽子。De Reszke明信片，1932年

Martial et Armand时装屋设计的"Smart"
棕色羊毛大衣Dupouy-Magnin时装屋设计
的"Corso"双绉裹身连衣裙。*Les Créations
Parisiennes*，1932年

日装

上图、右页图
装饰有刺绣细节的夏日连衣裙精选。*La Coquette*, 1933年

四款午后礼裙。*La Coquette*, 1933年

J.6950

J.6951

J.6952

J.6953

右页图

女演员玛丽·梅森身着装饰有刀褶的浅玫瑰色雪纺连衣裙，袖口饰有褶边，V形领口也饰有褶皱饰边。雷电华影业，约1933年

上图

四款午后礼裙。*La Coquette*，1933年

ᗝ.6931   ᗝ.6932   ᗝ.6933   ᗝ.6934

上图
午后礼裙精选。*La Coquette*，1933年

日装

上图、右页图

午后礼裙精选。*La Coquette*，1933年

好莱坞女演员海伦·特威尔丝穿着快艇运

Daywear　动套装，搭配一条船锚吊坠腰链，1933年

上图、右页图
"时尚研究"照片，展示一位身穿格纹裙
装套装的模特。英国滕布里奇有限公司，
1933年

三款黑色日装连衣裙。*La Femme Chic*，
1933年。插画的标题是"黑色最时髦"，
提醒女性穿黑色适合任何场合

日装

上图、右页图

午后礼裙精选。*La Coquette*，1933年

三款运动套装，长款紧身夹克，搭配小
腿长度的半裙。*Très Parisien*，1933年

日装

上方左图、右图
两款由维拉·博雷亚（Vera Borea）设计
的运动套装。*Très Parisien*, 1933年

布吕耶尔（Bruyère）设计的红色连衣裙，
露西尔·帕雷（Lucile Paray）设计的毛皮
镶边套装。*Très Parisien*, 1933年

右页图
两款丝绸日装连衣裙。*Très Par*

1933年

右页图
两款日装套装，短款夹克配信封包。*Le Petit Echo de la Mode*，1933年

Le Petit Echo de la Mode

N° 7
DIMANCHE
12 Février
1933

40 centimes.

LE GRAND HEBDOMADAIRE FÉMININ
1, rue Gazan, PARIS (XIVᵉ).

LVᵉ ANNÉE
32 pages
(dont 16 en grand format)

Avant-printemps sur la côte d'Azur

COSTUME TAILLEUR en marocain de laine, couleur citron, composé de la veste Z 6069 et de la jupe Z 6070. Veste nouvelle à emboîtement en peinte, boutonnée par un bouton de velours noir. Ceinture velours noir. Boucle en galalithe. Jupe droite. Echarpe tricot noir et blanc, gants blancs, sac velours noir. Petit chapeau impératrice Eugénie, de forme régulière, en fine paille anglaise, garni plumes d'autruche noires et ruban de velours.
Métrage : 3 mètres en 140.

ENSEMBLE, costume tailleur et chapeau marquis, couleur sépia, ton sur ton, composé de la veste Z 6071 et de la jupe Z 6072. Veste à longs revers, ouverte sur une chemisette sépia clair. Echarpe en velours piqué sépia foncé, sac et manchettes des gants en velours. Jupe droite. Chapeau marquis en paille anglaise et velours sépia foncé, ton sur ton. Garniture de derrière faite d'un nœud de velours en cache-peigne.
Métrage : 3 m. 35 en 140.

À titre de primes, pendant 8 jours seulement, les patrons de cette page seront établis en papier fort, tailles 40-44-48, au prix de 6 francs chacun. À partir du 21 février, ces patrons rentreront dans la catégorie des patrons sur mesures ordinaires aux prix suivants : veste, 8 francs ; jupe, 8 francs.

Viennent de paraître dans la "*Collection STELLA*" : L'ÉNIGME, par M.-J. Leduic, et LA CONSCIENCE DE GILBERTE, par M. de Crisenoy. Chaque volume : 1 fr. 50

日装

上图

三款日装连衣裙，独特的衣领设计和装饰细

节。*Très Parisien*，1933年

右页图

黄色夹克与半裙套装，内搭彩色衬

披肩式红色日装连衣裙。*La Coq*

1933年

J 6869 Jupe à corsage, en bouclé de laine brun éclairée d'une guimpe beige, soulignée d'une lavallière rayée de plusieurs couleurs. Métrage : environ 2,60 m de bouclé de laine en 130 et 1.25 m d'étoffe beige en 100. Patron découpé pour mannequin 42 et 46.

J 6870 Cette robe jeune d'allure, en lainage bleu marine à raies beige, est garnie de boutons rouges. Une patte blanche est boutonnée sur la ceinture de cuir noir. Métrage : environ 3 m de lainage en 100. Patron découpé pour mannequin 42 et 46.

J 6871 Robe d'après-midi, en Flamisol vert bouteille. Manche demi-longue et parure de soie blanche. Le biais noué gracieusement autour du décolleté se croise ensuite sur deux boutons. Effet asymétrique de découpes et de nervures. Métrage : environ 3.10 m de Flamisol en 100. Patron découpé pour mannequin 44 et 48.

J 6872 Simple petite robe de sport, en lainage gris carrelé de bleu et égayée d'une parure de piqué blanc et d'un nœud de soie rouge, qui souligne le col. Ballonnets de coupe seyante. Boutons décoratifs au bas de la manche. Jupe dégagée de plis. Métrage : environ 3.20 m de lainage en 130. Patron découpé pour mannequin 42 et 46.

上图、右页图

一款衬衫配半裙套装和三款午后礼裙。

La Coquette，1933年

让·巴杜设计的黑色配白色运动套装，1933年

下页图

黑色午后礼裙，裙身侧面饰有蝴蝶结；丝绉印花披肩式午后裙，披肩和裙摆都饰有褶裥饰边；丝绉印花波蕾诺披肩领式午后礼裙；丝绉印花午后礼裙，搭配的上衣袖口和下摆都装饰有抽褶饰边；拼接有蕾丝饰边的肉粉色丝缎午后礼裙，搭配小披肩；黑色丝绉拼接蕾丝午后礼裙，搭配波蕾诺短上衣；淡黄绿色丝绉午后礼裙搭配饰有荷叶边的衬衫领式外衣，裙摆上也装饰有荷叶边。

Chic Parisien，约1933年

4571

4570

4572

4570

4573

4572

4573

4573

4374

4575

4576

Atelier Bachwitz

89

90

89

90

上图、左页图

一件素色午后礼裙外搭一件格纹大衣，设
计有围巾式衣领系成领结状。朗尚赛马会，
1933年

两款优雅的裙装套装。法国，约1933年。
1930年代的款式设计，流行使用对比色

上图、右页图
翡翠绿裙装套装，搭配饰有流苏的帽子；灰色格纹毛呢裙，搭配短斗篷，内搭条纹衬衫，头戴相配的帽子。法国，1933年

三款"中间季节"套装。*La Femme Chic*，1933年

日装

Robe d'après-midi
en crêpe imprimé

左页图、上图
一件丝绉印花午后礼服，从胸围至臀部是拼
缝斜裁式的设计。约1933年

Robia（一种平纹人丝雪纺）制晚礼服，约
1933年

日装

上图、右页图
波莱特（Paulette）设计的三款日装套装。
La Femme Chic，1934年

印有航海图案的亚麻连衣裙搭配波蕾诺短
上衣和双色鞋。1934年

右页图
女演员费伊·雷佩戴了一款时尚的"珠串
手镯",领口佩戴用"鲜艳的墨西哥彩色"
珠子制成的环状花形领夹。米高梅影业,
1934年

右图

设计有斜裁裙摆的绿色午后礼裙；
装饰有细剪孔绣领饰和袖口的覆
盆子色午后礼裙；黑色荡领午后
礼裙，裙身拼接有斜裁裙片；束
腰上衣搭配百褶裙的蓝色午后礼
服套装；黑色午后礼裙，上身是
叠襟式紧身上衣的设计，裙身拼
缝半圆形的荷叶边状垂褶裙摆；
玫瑰色午后礼裙，衣领和裙身饰
有单侧的荷叶边垂褶；浅橙红色
午后礼裙，裙摆饰有荷叶边垂褶
至前中呈尖状。*Chic Parisien*，
约1934年

o 391

Parisien"

5052

5053

5054

Atelier Bachwitz

日装

39

40

41

42

43

39   40   42

41   43

上图、左页图

三款运动套装，其中两名手持香烟的模特，涂着红色指甲油。*La Femme Chic*，1934年

时尚针织衫精选。*Croquis Artistiques*，1934年

下图、右页图
三款时髦的午后套装——注意，三款套装
的设计都融入了褶皱细节。*Chic Parisien*,
1934年

红色斜裁午后礼裙，衣领饰有褶裥，搭配帽
子；淡黄色午后礼裙搭配棕色上衣的套装，
头戴相配的帽子，礼裙上饰有褶裥装饰细
节。*Chic Parisien*, 1934年

7034

7035

CHIC PARISIEN

6974

6975

april 1934

6974

6975

Les
Créations
Parisiennes

N° 310. - Très chic robe
d'après-midi en crêpe
marocain moutarde
agrémentée de jours
barrette et de petites
bandes de fourrure.

310   Supplément au N° 138.

上图、左页图
芥末黄色马罗坎平纹绉午后礼裙配灯笼袖，
袖口呈抽褶收紧状，肩部点缀毛皮镶边。*Les
Créations Parisiennes*，约1934年

两款搭配帽子的午后礼服套装。*Chic Pari-
sien*，1934年

下页图
两款由巴蒂尔德（Bathilde）和巴黎Ros-
ine（应该是保罗·波烈后来成立的香水屋）
设计的黑色连衣裙；黑色漫步套装，袖口和
宽大的衣领均为白色；巴黎Rosine设计的
橙色束腰上衣，内搭黑色半裙；巴蒂尔德设
计的饰有鼹鼠毛皮衣领和袖子的黑色外套；
巴黎Rosine设计的黑色大衣和蓝色印花连
衣裙。*La Femme Chic*，1934年

日装

Daywear

右图

六款衬衫设计【左边蓝色款由玛格·罗芙（Maggy Rouff）设计】，六款定制套装（绿色格纹款式由浪凡设计，棕色格纹款由玛格·罗芙设计，搭配粉色衬衫的灰色款由O'Rossen时装屋设计）。*La Femme Chic*，1934年

510

511

512

511
ROUFF

513

515
LANVIN

516
MAGGY ROUFF

517
O'ROSSEN

518

519

520

521

日装

Les
Créations
Parisiennes

N° 4. - *Manteau de ba-
cotta bleu. Découpes bou-
tonnées formant poches.*

4   *Supplément au N° 132*

上图、右页图
一款设计有工装风格口袋的蓝色日装大衣。
Les Créations Parisiennes，约1934年

好莱坞女演员芭芭拉·弗里奇着米色丝
绉连衣裙，系一条"波希米亚"烟草棕色领
巾。派拉蒙影业，1934年

Daywear

左页图、下图

九款"简洁"套装——中间的三款由伊冯·丹戈尔（Yvonne Dangel）设计，右边的三款由奥德特·莱昂纳尔德（Odette Léonard） 设 计。*La Femme Chic*，1934年

日装

上方左图、右图

三款经编针织运动装。*Croquis Artistiques*，1934年

两款经编针织套装外搭相配的大衣。*Croquis Artistiques*，1934年

边领夏日印花连衣裙，裙身装饰有荷

934年

日装

45

46

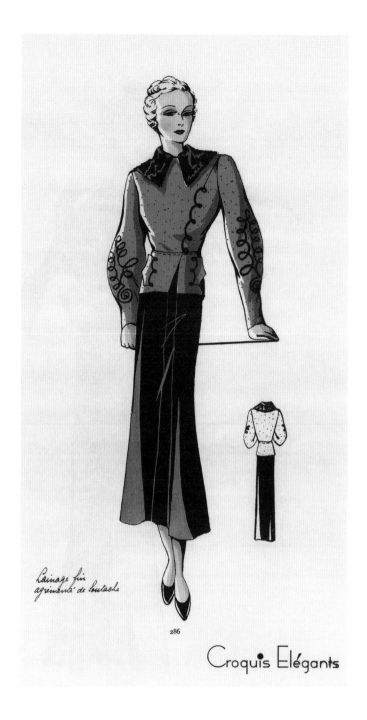

Lainage fin
agrémenté de soutache

286

Croquis Elégants

上图、左页图
毛呢套装，下身是黑色微喇叭形半裙，
搭配红色饰有盘绳绣和毛领的外套。
Croquis Artistiques，1935年

两款针织套装。*Croquis Artistiques*，
1934年

右二图
黑色丝绉午后礼裙，搭配波蕾诺上衣设计有宽垂褶领，黑白撞色长灯笼袖。*Croquis Artistiques*，1935年

女演员克莱尔·特雷弗身穿条纹短袖围巾领针织衫，搭配小腿长度的半裙。派拉蒙影业，约1935年

Crêpe mat noir et même tissu blanc

291

Croquis Elégant

Daywear

上图、右页图

五款时尚针织衫。*Croquis Artistiques*，
1935年

夹克配半裙套装。*New York Fashion*，
1935年

LA FEMME CHIC

I. NICOLL. — CETTE PETITE ROBE DE FIN LAINAGE
BRUN EST ÉCLAIRÉE D'UN COL DE FEUTRE BEIGE :
BOUTONS DE CUIR DU TON, AINSI QUE LA CEINTURE
PASSANT DANS DES PATTES DÉTACHÉES : LE CONFOR-
TABLE MANTEAU-REDINGOTE, À LARGE MARTINGALE,
EST EN GROS LAINAGE CHINÉ DE BEIGE ET DE VERT.
II. CAPE TROIS-QUARTS EN « NOKOL » VERT ET BRUN.
À COL, ET LARGE PLASTRON D'AGNEAU RASÉ BRUN :
LA JUPE-CULOTTE, EN MÊME TISSU, EST GARNIE DANS
LE DOS D'UN PANNEAU LIBRE DU BAS ; UN GILET DE
PEAU VERT VIF À BOUTONS ET BRODERIES BRUNS ET
VERT CLAIR, ET UN CHANDAIL DE LAINE BRUNE
COMPLÈTENT L'ENSEMBLE.

16   NICOLL.

DEUX ENSEMBLES DE SPORT

II. ENSEMBLE EXÉCUTÉ EN « NOKOL ».
CRÉATION DE RODIER.

上图、右页图
尼科尔和罗迪尔（Nicoll and Rodier）设计
的两款连衣裙搭配大衣的"运动"套装。*La
Femme Chic*，1935年

下页图
九款冬季套装，由Martial et Armand时
装店海姆和海伦·休伯特（Helen Hubert）
设计。*La Femme Chic*，1935年

Daywear   羊毛格纹套装。*New York Fashion*，1935年

1. MARTIAL ET ARMAND. « NIEUPORT
VERT VIF ; MOTIFS BRODÉS LAINE
LAHMED ». ROBE D'APRÈS-MIDI EN
GARNI DE GROS PLIS-PINCES À L'E
D'APRÈS-MIDI EN CRÊPE MAROCAIN
NOUÉE SUR LES ÉPAULES. — 4. HEI
BOUTONNÉE DE PASSEMENTERIE,
BORDÉE D'ASTRAKAN. — 5. HEIM
NOIR, VERT ET BLANC EMPLOYÉ E
6. HEIM. « LILIANA ». PETITE ROB
OR, LA CEINTURE DE MÊME LAINAGE
HUBERT. « LUNE DE MIEL ». ROBE E
LETTES MÉTAL ARGENT ; LE CORSA
ÉPAULES ; BIAIS RETOURNÉ À L'ENC
EN VELOURS CÔTELÉ MARINE, GA
GLANDS DE FEUTRE MARINE ET RO
DE BRANDEBOURGS MARRON AINS

1   2   3

4

6

Helen Hubert

Martial et Armand

7   8   9

LA MODE D'HIVER DANS LA GRANDE COUTURE

日装

Daywear

左页图、下图

Estelle设计的棕色毛呢连衣裙和蓝色罗缎
连衣裙，海伦·休伯特（Helen Hubert）
设计的红色真连衣裙。*La Femme Chic*，
1935年

女演员克莱尔·特雷弗身穿Royer设计的
蓝色丝绸套装，外套上饰有银狐毛皮镶边。
搭配一顶饰有玻璃纸装饰的海军蓝色无檐
平顶草帽，面纱遮盖至鼻子的位置。派拉蒙
影业，约1935年

Daywear

上图
Chesro（一种抗皱人造亚麻面料）制夏季
连衣裙，1936年

Daywear

下图、左页图

女演员格拉迪斯·乔治穿着黑色天鹅绒休闲
睡衣，前门襟饰有白色真丝制盘绳绣装饰图
案。米高梅影业，1936年

人造亚麻Chesro日装连衣裙（抗皱仿亚
麻），约1936年

Daywear

下图、左页图
好莱坞女演员吉尔·帕特里克身穿亚麻粗花
呢（Linen tweed，是用亚麻而不是羊毛
织成的粗花呢，透气性好，适合制成夏装）
运动连衣裙，搭配皮革腰带。派拉蒙影业，
1937年

人造丝塔夫绸夏日连衣裙，设计有分层式裙
摆，约1936年

上图、右页图
女演员奥利维亚·德·哈维兰穿着巧克力
棕色的毛呢运动套装。*The Philadelphia
Inquirer*，1937年

好莱坞女演员雪莉·罗斯身穿一件黑色丝绉
午后礼裙，领口和袖口装饰有白色环形编织
饰带。派拉蒙影业，1937年

Daywear

P2165-

右页图
好莱坞女演员埃莉诺·惠特尼穿着丝绸印花
乡村风格连衣裙，泡泡袖上嵌有装饰褶边。
派拉蒙影业，1937年

右页图
女演员丽塔·约翰逊身穿黑色毛呢套装，佩戴一枚镶有大颗绿松石的领针。米高梅影业，1937年

日装

Daywear

设计有多片式拼接裙身的午后礼裙精选。*La Coquette*，1938年

J.1096

J.1097 ★

J.1098

J.1099

琼·克莱沃斯身穿黑色羊毛连衣裙，裙
⋯漆皮腰带和贴袋，佩戴金色挂坠，搭
⋯披肩和栀子花装饰帽。米高梅影业，
⋯年

上图

日装

上图
午后礼裙和晚礼服精选，受浪潮的好莱坞风格
影响。*La Coquette*，1938年

Daywear

9952　　　　9953

灰色的"Paradou丝绒"高腰午后礼裙;
苔藓绿色丝绉午后礼裙，配蝴蝶结头饰。
Chic Parisien，1938年

日装

9968

9969

9968   9969

上图
饰有多色传统刺绣图案的丝绒制村姑风格
连衣裙；带有花纹图案的法兰绒村姑风格
连衣裙，上身装饰有许多纽扣。*Chic Pari-
sien*，1938年

上图

前身装饰有金属链的芥末色针织连衣裙，搭
配腰带；灰色羊毛绉连衣裙，装饰有横向
的雪尼尔绒线刺绣线迹。*Chic Parisien*，
1938年

J.1057

J.1059

J.1056

★

J.1058

上图
突出肩部设计的礼服套装精选。
quette, 1938年

10512 10513

10514 10515

上方左图、右图

羊毛乔其纱午后礼裙，设计有 V 形拼接装饰
领口，口袋上装饰有褶边；非正式款亚光真
丝午后礼裙，上身两侧拼有弧线形褶皱镶
边至腰处并点缀着蝴蝶结。*Chic Parisien*，
1938 年

丧服款连衣裙的背部装饰有纽扣；衬衫款连
衣裙，设计有褶裥衣领和呈反差效果的天鹅
绒制衬衫袖。*Chic Parisien*，1938 年

日装

10508　　　　　　　　10509

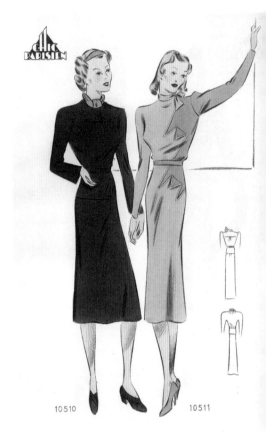

10510　　　　　　　　10511

上方左图、右图

蓝色针织小领连衣裙，有四个口袋，搭配一顶"传统民族服装"风格的帽子；棕色安哥拉羊毛两件式套装，上衣门襟装饰宽幅编织饰带。*Chic Parisien*，1938年

毛纺泡泡点纹针织连衣裙，上身为无领过肩式剪裁胸部饰有放射形褶皱；深浅灰双色羊毛马罗坎平纹绉连衣裙，衣身左侧斜向分割拼接，饰有外翻盖口袋。*Chic Parisien*，1938年

上图

女演员维维安·唐纳穿着一件樱桃色格纹连
衣裙，搭配淡黄绿色外套，内衬采用相同的
格纹面料。*Fashion Forecast in Technicol-
or* 新闻图片，约1938年

上图、右页图
演员安妮·雪莉身穿毛呢套装，搭配宽檐帽。雷电华影业，1938年

女演员伊芙琳·凯耶斯身穿日装套装，搭配修身格纹花呢外套和工字褶丝绒半裙。派拉蒙影业，1938年

Daywear

192

10901

10902

左图、右页图

轻便的针织出行装，裙身侧褶裥，钟形裙摆；深色哑光真丝短款宽肩外套，纹真丝（flamisol，193流行的一种中等重量的平面料）衬衫，腰部还点缀花贴花，Chic Parisien，年。雪绒花是奥地利的象久后又成为德国国防军和卫军的象征

蓝色蕾丝午后礼裙，上领，波蕾诺风格的设计；印花领带绸（necktie s来制作领带的真丝面料）礼裙，胸前拼接装饰有带。Chic Parisien，193

10235

10236

10905

10906

109

10903 10904

上图

丝质针织午后礼裙和一款前身仿马
的连衣裙，可外搭羊毛乔其纱钟形午
大衣，衣身饰有高音谱号图案的饰带
Chic Parisien，1938年

钟形叠襟式连衣裙；淡紫色的山东
礼裙，配翻领和泡泡袖。Chic Pari-
938年

日装

上方左图、右图
黑色的钟形开襟系扣式午后礼裙,饰有雏菊贴花装饰领巾的午后礼裙。*Chic Parisien*,1938年

饰有装饰花边和领巾的午后礼裙;装点白色胸饰的午后礼裙,上身仿马甲款设计,下身为喇叭裙,右边模特戴的帽子是依据民间的头饰所设计。*Chic Parisien*,1938年

右页图
一件双绉德比马会连衣裙,上身是叠襟设计,裙摆饰有荷叶边;一件衬衫式丝绉午后礼服裙。*Chic Parisien*,1938年

10237

10238

日装

右页图

一款多片式拼接连衣裙，搭配宽松短上衣；
一款黑色饰有贴花图案的午后礼裙，下身
是宽松散摆式剪裁；一款日装套装，上身
为短款外套内搭斑点印花衬衫，里外印花
相呼应，下身搭配窄摆裙。*L'Illustrazione
Italiana*，1938年

日装

上图、右页图
好莱坞女演员贝蒂·弗内斯身穿黑色裙子搭
配短袖针织衫,腰间饰有烟熏色横向饰带,
佩戴模仿非洲部落面具的领针,1938年

女演员帕特·帕特森身穿午后礼服套装,上
身是嵌缝有条纹毛皮的波蕾诺短外套,戴着
一顶装饰有绒球的独特帽子。联美电影公司
新闻照片,1938年

Daywear

CHIC PARISIEN

10234 a

10233   10234

下图、左页图

女演员吉兰恩·塔德沃克斯穿着细条纹浅色
毛呢日装套装，男装风格的外套搭配修身半
裙，约1938年

白色丝麻出行套装，短款上衣装饰有细塔
克褶，设计有波浪形边缘的衣领和前门襟；
米色羊毛纱罗漫步连衣裙外搭相配的斗篷。
Chic Parisien，1938年

CHIC
PARISIEN

10255

10256

上图

两款阿尔卑斯村姑风格连衣裙。*Chic Parisien*，1938年。纳粹政权鼓励女性穿传统的紧身连衣裙，反对向愚蠢的时尚屈服。尽管很少有女性遵循纳粹的号召，但传统和民间风格的服装对1930年代末的时尚产生了影响，反映了当代政治对时尚的影响

左页图

好莱坞女演员琼·贝内特身着伊迪丝·海德设计的人字形花呢套装。派拉蒙影业，1938年

右页图
女演员玛德琳·卡罗尔在电影《全都归你了》(*It's All Yours*)(1937年)中穿着装饰有两条腰部饰带的格纹夏季连衣裙，头戴草帽，1938年

上方左图、右图

育克款式衬衫精选。*Chic Parisien*，1938年

衬衫、外套和针织衫精选。*Chic Parisien*，1938年

右页图

女演员玛丽·马丁穿着格纹日装连衣裙，外搭天鹅绒修身外套。身旁人台展示一条爱德华七世时期风格的格纹连衣裙，外搭天鹅绒羊腿袖短外套。派拉蒙影业，1939年

左页图、上图
女演员海伦·马克身穿一件灰粉色轻薄羊毛
针织连衣裙，宽松的上身配垂散的下摆。环
球影业，1939年

好莱坞女演员吉尔·帕特里克身穿一件由伊
迪丝·海德设计的紫色丝绸连衣裙。派拉蒙
影业，1939年

日装

上图、右页图

女演员凯瑟琳·亚当斯穿着一件设计有锯齿
形细节的日装连衣裙。雷电华影业，1939年

女演员弗朗西斯·德雷克身着阿德里安设计
的"松弛的套装"，1939年

右页图
雷电华影业明星安妮·雪莉身穿黄绿配藏青色短袖连衣裙，肩部饰有抽褶，搭配绿色绗缝皮革制成的钻石形手提包。雷电华影业，1939年

上图、左页图
身着乡村/传统风格午后礼裙的女子。朗尚
赛马会上，1939年

好莱坞女演员安·莫里斯身着蒂洛尔风格的
服装。米高梅影业，1939年

右页图
印花连衣裙与配套的阳伞和手提包，由埃
莉诺·罗斯福二世（第一夫人的侄女）设计，
1939年

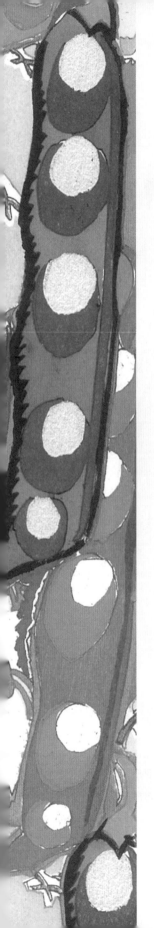

户外装

T. 38639. **MANTEAU** haute
nouveauté, crêpe de Chine noir,
pure soie, très belle qualité, orné
volants, entièrement doublé
crêpe de Chine.
Longueur 1m10. **595.**

T. 38638. **MANTEAU** belle
popeline de soie noire envers
satin, garni découpes et
godets, entièrement doublé
crêpe de Chine.
Longueur 1m10. **495.**

T. 38636. **MANTEAU** popeline
de soie noire, orné bandes
appliquées.
Longueur 1m10... **125.**
Le même, entièrement doublé
fantaisie.
Longueur 1m10.... **165.**

T. 38637. **MANTEA**
genre, en crêpe
soie noire, garni
entièrement doublé
Chine.
Longueur 1m10...

Notre Bureau des voyages
délivre les billets de chemins de fer
retient les places, enlève les bagages.
Il organise les voyages individuels et
par groupes, et fournit devis sur demande

MANTEAUX

Bon Marché "Photomaton"
is fera en 16 secondes,
ns attente, sans opérateur
vec succès, 6 photos parfaites,
pressions différentes
ses variées pour... 5 francs

AU BON MARCHÉ, PARIS

户外装

上方左图、右图

日装大衣，口袋上饰有打结的饰带。*Croquis Artistiques*，1930年

设计有贴袋的毛呢日装大衣。*Croquis Artistiques*，1930年

右页图、前页图

宽青果领印花真丝大衣。*Croquis Artistiques*，1930年

大衣精选。乐蓬马歇（Le Bon Marché）百货公司商品目录，1930年代

ÉTÉ
1930

Atelier Bachwitz
Paris-Vienne

35

Manteau en soie végétale
imprimée. Das ondulant.

户外装

右图、右页图
黑色马罗坎平纹绉大衣，平驳领。
Croquis Artistiques，1930年

格纹羊毛日装大衣。*Croquis
Artistiques*，1930年

Croquis Artistiques
Costumes Manteaux Nº 2

ÉTÉ
1930

Atelier Bachwitz
Paris-Vienne

53

Manteau en marocain.
Découpes dentelées. Piqûres.

Croquis Artistiques
Costumes Manteaux No 2

ETE
1930

58

Manteau tailleur en lainage anglais.

Atelier Bachwitz
Paris-Vienne

户外装

左页图、下图

女演员帕特里夏·伊利斯身穿黑色羊毛运动大
衣，饰有漆皮滚边，设计有尖状袖，搭配黑色
漆皮高跟鞋、手包，黑色羚羊皮手套。国际新
闻图片，1930年

长及小腿饰有兔毛的大衣。美国，约1931年

下方左图、右图
长度及小腿肚的兔毛大衣。美国，约1931年

长至小腿的粗花呢大衣，饰有毛皮领。美国，
约1931年

下方左图、右图
黑色天鹅绒大衣，衣领及袖口都饰有狐狸毛
皮。美国，约1931年

黑色天鹅绒大衣，领子和袖口饰有北极狐毛
皮。美国，约1931年

下方左图、右图

黑色水貂皮大衣，饰有白鼬毛皮衣领和袖口。美国，约1931年

黑色毛呢大衣，衣领和袖部饰有北极狐毛皮。美国，约1931年

下方左图、右图
黑色套装配黑色皮制蝴蝶结腰带。美国，约
1931年

黑色毛呢宽青果领大衣。美国，约1931年

下方左图、右图
黑色天鹅绒大衣，衣领和袖口饰有水貂皮。
美国，约1931年

毛呢日装大衣，衣领和袖口饰有狐狸毛皮。
美国，约1931年

下方左图、右图
长及小腿的毛呢大衣，衣领饰有毛皮镶边，
搭配同款面料制腰带。美国，约1931年

黑色双排扣大衣，衣领和袖子饰有阿斯特拉
罕羔羊毛皮。美国，约1931年

下图
女演员玛丽安·马什穿着一件至小腿长度
的、饰有水貂毛皮衣领大衣。哥伦比亚影业
新闻图片，约1932年

下图

斜纹毛呢日装套装，饰有皮革纽扣和皮腰带，大衣衣领饰有狐狸毛皮。*Les Grands Modèles*，约1932年

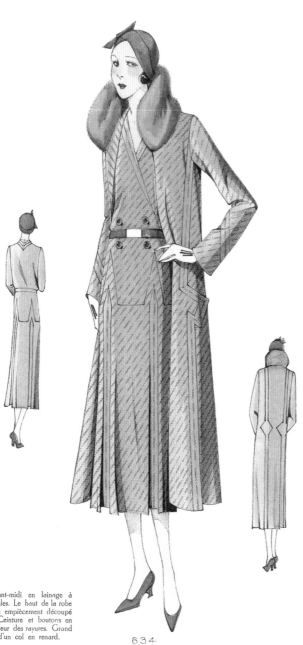

634. Complet d'avant-midi en lainage à rayures diagonales. Le haut de la robe se continue en empiècement découpé en créneaux. Ceinture et boutons en cuir de la couleur des rayures. Grand manteau orné d'un col en renard.

634

户外装

右页图

安哥拉羊毛运动装套装，手工编织套头衫搭
配半裙，外搭饰有麝鼠毛皮和毛皮领结的披
肩。*Modèles Originaux*，约1932年

7

962 a

962

962 Ensemble sportif en tissu angora. Sweater tricoté à la main. Jupe à **deux**
parties ornée de plis piqués. Cape du tissu et nutria.

右页图

浅色羊毛旅行套装，长款大衣内搭红色马甲；卡沙细呢驾驶款大衣，搭配花格真丝围巾；灰色羊毛披肩袖运动套装。*Chic Parisien*，1932年

CHIC PARISIEN

5836   5837   5838

85

85a

85a

85

上方左图、右图

棕色毛呢大衣，设计有宽大的平驳领；白色大衣，口袋和袖口饰有塔克褶。法国，约1933年

黑色配绿色长披肩式外套套装，头戴帽子。法国，约1933年

浅棕色毛呢大衣，设计有V形背部过肩；淡绿色连衣裙配大衣套装。法国，约1933年

户外装

621. Complet d'après-midi. Robe en dentelle
noire, garnie de festons en soie noire.
Large ceinture en peau de Suède
bouclée de strass. Manteau en drap
orné de renard gris.

621

上图、左页图

女演员帕特里夏·伊利身穿黑色大衣，外搭圆点
印花披肩。国际新闻图片，1930年

黑色蕾丝午后礼裙，设计有褶饰裙摆，外搭黑
色大衣，衣领、袖口和下摆饰有银狐毛皮。*Les
Grands Modèles*，约1932年

户外装

下图、右页图

棕色皮草大衣，设计有银狐毛皮制围巾领和
袖口镶边；波斯羔羊毛皮大衣配半裙套装，
饰有白色毛皮镶边。*Modèles de Fourru-
res*，约1933年

两款优雅的饰有狐狸毛皮衣领和镶边的日
装大衣。*Très Parisien*，1933年

上图、右页图

灰色羊毛大衣和条纹连衣裙，饰有单排木质纽扣，
由夏帕瑞丽设计。*Très Parisien*，1933年

三款冬季大衣，衣领和袖子均装饰有毛皮，出自
O'Rossen时装屋。*Très Parisien*，1933年

户外装

6756

6757

6756 Tailor-made of grey shetland. The skirt forms an inverted pleat on the side. Chic, fitted jacket with stitchings; collar of Persian lamb.

6757 Coat of brown bouclé in classic style, fastened with a big clip. Stitchings, collar of fox.

上图、左页图
灰色的设德兰花呢套装，裙身饰有工字褶，
夹克衣领上饰有波斯羔羊毛皮；一款衣领饰
有狐狸毛皮的棕色粗纺花呢大衣，用装饰夹
扣合固定。London Styles，1934年

彩色格子印花宽领连衣裙；日装条纹大衣，
内搭连衣裙，由切鲁伊特设计。Très Parisien，1933年

户外装

6768

6769

6768 Coat of brown bouclé with a pattern in the same shade. Fitted style with invisible fastening. Shoulder collar of beaver.

6769 Stylish coat of black, figured bouclé. One-sided model, fastened with big clips on the side. Wide collar of grey Persian lamb.

6764 · 6765

6764 Coat of plain woollen in a reddish rose
shade. The shoulder yoke reaches over the
sleeves. One-sided collar of beaver, belt of
brown leather.

6765 Straight lined tailor-made of striped woollen.
Three quarter length jacket in classic style
with manly revers collar.

左页图、上图

棕色粗纺花呢大衣，配海狸毛皮领；黑色粗
纺花呢大衣，配灰色波斯羔羊毛皮领。*Lon-
don Styles*，1934年

铁锈色毛呢大衣，设计有落肩式育克连接袖
子，配海狸毛皮领子；条纹毛呢大衣，搭配
银狐披肩。*London Styless*，1934年

户外装

256

6752 6753

6752 Chic sports coat of English chevronné woollen with novelty sleeves. Crossed collar of beaver, leather belt.

6753 Sports costume of brown woollen in strict manly style. The jacket has a belt of pale leather and forms a classic revers collar.

6750 6751

6750 Coat of coarse tweed with an original pattern. The broad leather belt repeats the shades of the material. Novelty pelerine collar of brown Persian lamb, buttoned at back.

6751 Tailor-made of black woollen in strict manly style. Slightly bell shaped skirt. Double breasted jacket. Stitchings.

右页图、下页图
一款红色粗纺花呢宽肩大衣，配海豹皮领巾；灰色毛呢大衣，前身的一侧饰有金色扣夹用以固定大衣开合，搭配羔羊毛皮领巾，肩部和袖口也饰有羔羊毛皮。*London Styles*，1934年

三款由O'Rossen时装屋和伯莎·赫尔曼希设计的冬装大衣，四款由伯莎·赫尔曼希设计的衬衫，Creed时装屋设计的粗花呢套装，Luceber设计的西装和外套。*La Femme Chic*，1934年

上方左图、右图
毛呢运动大衣，配交叠式海狸毛皮领；"男装风格"的棕色羊毛运动套装。*London Styles*，1934年

粗花呢大衣，配新颖的棕色波斯羔羊毛制脖套领；黑色毛呢的"男装风格"套装，上身是双排扣夹克。*London Styles*，1934年

Outerwear

6758   6759

6758 Red bouclé woollen for this pretty coat with broadened shoulder part and tiny épaulettes. The cravat of sealskin forms tied ends.

6759 Elegant coat of woollen, closed on the side with big, golden clips. Noteworthy is the simple, square neck. Detachable cravat, épaulettes and cuffs of broadtail.

Outerwear

6766

6767

左图

一款3/4长度的大衣，口袋和翻领上饰有精致的装饰线迹；一款精纺毛呢连肩袖大衣，饰有兔毛，搭配兔毛。*London Styles*，1934年

豹猫毛皮装饰的毛呢运动大衣，黑色波斯羔羊毛领运动套装。*London Styles*，1934年

6754 6755

Outerwear

左页图、上图
三款午后礼服套装，中间的款式由玛格·罗
芙设计。*La Femme Chic*，1934年

三款Bernard et Cie时装屋设计的冬日套
装。*La Femme Chic*，1934年

户外装

右页图

厚重的冬季大衣，搭配红色羊毛围巾和饰
有红色羽毛的哥萨克风格帽子。*La Femme
Chic*封面，1934年

户外装

LONDON STYLES No. 41

6762

6763

6762 Elegant coat of reddish violet woollen,
fastened by an important clip, placed at the
height of the waistline. High ascending
collar of black Persian lamb.

6763 Black bouclé with stripes in same shade is
the suitable fabric for this elegant coat in
largely crossed style. Particularly noteworthy
the asymmetrical trimming of black fox.

上图、右页图
紫色毛呢大衣，配波斯羔羊毛皮领；黑色粗
纺花呢叠襟大衣，配不对称黑色狐狸毛皮
领。 *London Styles*，1934年

一名模特穿着一件格子毛呢连衣裙外搭相
配的大衣。雷电华影业，1935年

右图
在朗尚赛马会上，模特们穿着展示最新款的
皮草大衣。1935年

户外装

右页图
莫里斯·杜布瓦（Maurice Dubois）设计的
"米卡多"连衣裙，搭配饰有狐狸毛皮的大衣；
罗迪尔（Rodier）设计的"Granica"连衣裙，
搭配披肩。*La Femme Chic*，1935年

户外装

右图、右页图
驾驶款大衣搭配手提包,由M. Küss
设计。Küss目录,1935年

驾驶款大衣,由M. Küss设计。Küss
目录,1935年

下图

女演员吉尔·帕特里克身着宽袖翻领水貂皮大衣。这件大衣由洛杉矶的威拉德·乔治（Willard George）设计。派拉蒙影业，1938年

右页图

一件格纹旅行斗篷，设计有前身侧开缝，下摆翻转一片式裁剪。另一件是毛呢旅行大衣。*Chic Parisien*，1938年

10239

10240

J.1001

J.1002

J.1003

左页图、下图
羊毛格子裙，搭配驼色大衣；绿色裙装套装，设
计有泡泡状袖型和宽大的毛皮翻领。*La Co-
quette*，1938年

垂褶领修身大衣，饰有绳结装饰的羊毛纱罗夏季
大衣。*Chic Parisien*，1938年

10243   10244

户外装

下图

丝质针织套装，蓝色百褶裙搭配饰有方形口袋的
短款宽松夹克；设计有下摆接缝开和鹿皮镶边的
斜纹羊毛外套。*Chic Parisien*，1938年

下图

芥末黄色立领羊毛粗纺花呢制蔚蓝海岸度假套
装,斜纹羊毛春季套装,上衣夹克是单排扣夹克
拼接披肩式的设计。*Chic Parisien*,1938年

9956

9957

户外装

9958

9959

春季大衣，设计有一个系扣固定的
领；蓝色羊毛插肩袖午后礼服大衣，
荷叶边领。*Chic Parisien*，1938年

上方左图、右图
粗纺羊毛绉女士大衣，拼接有海豹皮制前门
襟；驼绒圆领运动款大衣，饰有海狸毛皮领
巾。*Chic Parisien*，1938年

丝缎长款斗篷，前身双排扣设计的亚光真丝
夏季大衣。*Chic Parisien*，1939年

户外装

左页图、下图
长及小腿的兔毛大衣。美国，约1931年

女演员宾尼·巴恩斯身穿条纹皮草套装，搭配同款毛皮帽。环球影业，约1939年

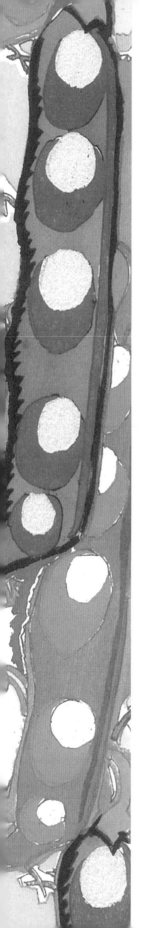

晚礼服

上图、左页图

女演员薇薇恩·奥斯本身着丝缎和蕾丝面料
制成的连衣裙，搭配波蕾诺蕾丝短上衣，约
1930年

女演员安妮塔·路易斯穿着尼罗河绿丝绒羊
腿袖外套，内搭肉色丝绉礼服裙，1930年

晚礼服

右页图

1930年代，一位模特在面料贸易展示间展示一款夏季新品，展板上陈列着塞拉尼斯生产的人造丝（又称人丝）面料，它是一家美国纤维素和化学制造公司，该公司从1924年开始生产一系列较商业化的人工合成面料，旨在替代真丝类面料

右页图

女演员玛丽·阿斯特身穿饰有水晶的蓝色雪
纺裙，搭配饰有红色狐狸毛皮的蓝色天鹅绒
短夹克。派拉蒙影业，1930年

„Chic Parisien"

5031

5032

Atelier Bachwitz

5031

5032

上图、左页图
女演员费伊·雷身穿一款塔层蕾丝晚礼服，
1931年

奶油色丝绸晚礼服，饰有珠饰镶边；黑色丝
绸配银色蕾丝晚礼服，设计有塔层荷叶边裙
摆。*Chic Parisien*，1930年

晚礼服

Une jolie silhouette pour le soir.

Les Grandes Modes de Paris.
Supplément au N° 363.

18, avenue de l'Opéra
PARIS

右页图、上图

粉色深V露背晚礼服，腰部饰有蝴蝶结；饰有
灰色狐狸毛皮镶边的粉色大衣。*Les Grandes
Modes de Paris*，1931年

晚礼服搭配无袖外衣，外衣门襟用饰有人造宝
石的扣环固定。*Les Grandes Modes de Paris*，
1931年

9226   9227

L'originalité des manches.

Les Grandes Modes de Paris.
Supplément au N° 363.

18, avenue de l'Opéra
PARIS

655. Robe du soir très originale en mous-
seline rose combinée à de la mous-
seline noire qui s'incruste en ligne très
nouvelle. Cape formant des parties-
ailes et une écharpe coupée à même.

655

上图、左页图

粉红色配黑色薄纱晚礼服，设计有交叉式的披
肩袖。*Les grandes Modèles*，约1931年

深橘色丝缎面正装礼服，设计有飘逸的灯笼袖。
Les grandes Modèles，1931年

晚礼服

下图、右页图

柠檬黄色印花乔其绉晚礼服，背部是低领口
饰有T形带的设计，裙摆向两侧延展。*Les
grandes Modèles*，约1931年

黑色乔其绉晚礼服，斜裁裙身拼缝荷叶边
裙摆荷叶边，装饰有人造宝石肩带和颈带。
Les Grand Modèles，1931年

Les Grands Modèles

664. Robe du soir en georgette lamé, tissé
de fils de métal. La jupe s'évase gra-
cieusement en forme d'un calice et
forme une petite traîne de chaque côté.
Encolure encadrée d'une bande en
lamé or.

664

Robe du soir en crêpe Georgette noir
de ligne très élégante. Large volant
s'enroulant autour du corps. Aux épaules
des barrettes en strass.

653

上图、左页图
两款由Philippe et Gaston时装屋设计
的 晚 礼 服。*Très Chic-Sélection réunis*，
1932年

好莱坞女演员珍·亚瑟穿着金属质感的金银
丝织锦缎休闲睡衣和配套的披肩。派拉蒙影
业新闻照片，约1931年

晚礼服

右页图

好莱坞女演员艾琳·邓恩穿着奢华的印花丝绸
家居袍服，设计有大喇叭袖，1932年

上图、右页图
两款由弗朗西斯（Francis）设计的晚礼服。
Très Chic-Sélection réunis，1932年

两款优雅的晚礼服。*Très Chic-Sélection*
Eveningwear   *réunis*，1932年

Desen
F.19562

Desen
F.19563

晚礼服

下图、右页图
好莱坞女演员希拉·特里穿着一件金属质
感的真丝花呢晚礼服，1932年

四款长至地面的晚礼服。*La Coquette*,
1932年

し.5079

し.5081

し.
5080

し.5082

右页图

白色丝绉晚礼服，设计有扭转式的领子，领子背面是旱金莲橙色丝绉。 *Les Créations Parisiennes*，1932年

Les Créations Parisiennes

Nº 231. - *Robe du soir en crêpe romain blanc; col torsadé doublé de même tissu capucine. Boléro de velours du même ton.*

晚礼服

CHIC PARISIEN

5824

5825

5824

5825

5826

5826

POUR LES RÉUNIONS DU SOIR EN SEPTEMBRE

上图、左页图

丝缎晚礼服，腰侧饰有大的蝴蝶结。*La Mode Illustrée*，1932年

三款长至地面的晚礼服。*La Coquette*，1932年

晚礼服

Très Chic

SELECTION REUNIS

N° 110/73
NOVEMBRE 1932

Paraît chaque mois
(excepté juillet et août)

Le numéro : 8 Francs
Abonnement
France . . . Frs. 70.–

LES EDITIONS LEON CLAUDE
5, RUE MAYRAN, PARIS (9e)

Téléph. : Trudaine 61-47, 46-52, 53, 54, 55, 56
R. C. Seine 236-144 – C/C 330-32 Paris

Revue mensuelle

EDITIONS
TRES CHIC - SELECTION
REUNIES

5, rue Mayran, Paris

Eveningwear

Album de Bal

88 Manteau du soir en velours chiffon, col capuce en lamé bordé renard, parements de ce dernier.

89 Robe à danser en voile mousseline, longues ailes formant manches, haut remontant en pointe, motif bridé strass, volant rapporté.

上图、左页图

天鹅绒晚装斗篷，衣领和袖口饰有狐狸毛皮；酸橙绿色晚礼服，上身搭配披肩风格的连肩袖设计，背部饰有串珠饰带。*Album de Bal*，约1932年

Très Chic-Sélection réunis 杂志封面上的白色晚礼服，配荷叶边裙摆和切缝式泡泡袖，1932年

晚礼服

上图

欧根纱连衣裙，搭配塔夫绸大衣外套；波卡圆点
印花丝缎晚礼服，搭配红色天鹅绒无指手

Eveningwear　套。*Harper's Bazaar*，1933年

上图

印花雪纺晚礼服，搭配同款面料披肩；海
军蓝欧根纱连衣裙，搭配 Peau d'Ange
（"天使的皮肤"，一款奢华的真丝类面料，
表面有暗淡的光泽）真丝制成的上衣；淡
黄色晚礼服，搭配灰狐狸毛皮镶边外套。

Harper's Bazaar, 1933 年

晚礼服

上图、右页图

女演员米里亚姆·乔丹穿着一件真丝印花礼
服，腰上饰有一朵硕大的花饰。20世纪福
克斯影业，1933年

晚礼服精选和一款设计有装饰细节的上衣。

Eveningwear   *La Coquette*，1933年

J.6956

J.6955

J.
695

晚礼服

维吉尼亚·格雷身着火焰色丝绒晚礼
服的褶皱聚拢于腰部，上面装饰一个
时的金扣夹。米高梅影业，1933年

下方左图、右图

绿色低领露背晚礼服，别致的袖子设计；赤
褐色晚礼服，上身为吊带式双层领口，露肩
袖的设计。*Très Parisien*，1933年

帝国蓝色裹身式，细节丰富的晚礼服。玛塞
尔·多尔穆瓦（Marcelle Dormoy）设计。
Très Parisien，1933年

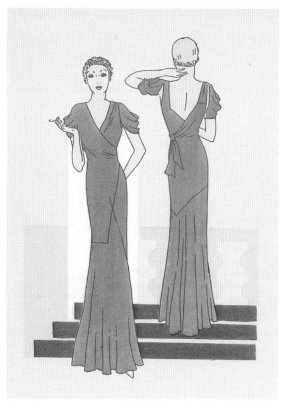

下图
香奈儿设计的两款精致的丝缎和真丝薄纱
晚礼服。*Très Parisien*，1933年

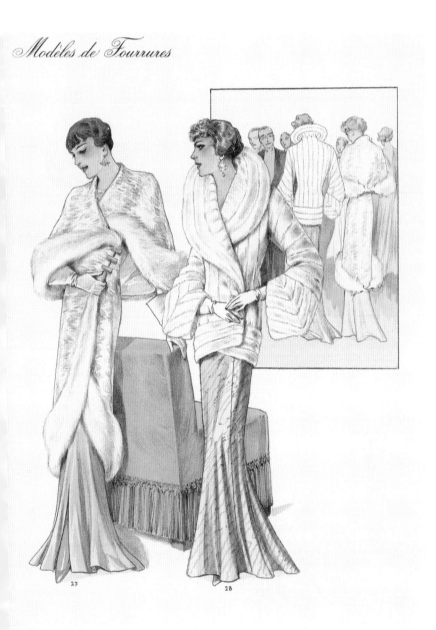

Modèles de Fourrures

Modèles de Fourrures

35

36

上图、左页图

绿色天鹅绒披肩式及地晚装大衣，饰有白色毛皮领和袖口；红色晚礼服，设计有蝴蝶结式泡泡袖；淡紫色晚礼服，肩部饰有花朵装饰。*Le Petit Echo de la Mode*，1933年

优雅的白狐毛标准长度大衣，棕色貂皮裹身式大衣。*Modèles de Fourrures*，约1933年

晚礼服

下图、右页图
三款及地晚宴礼服。中间的款式出自Ber-
nard et Cie时装屋的设计。*La Femme
Chic*，1934年

*La Femme Chic*封面，展示了优雅的晚礼
服套装，1934年

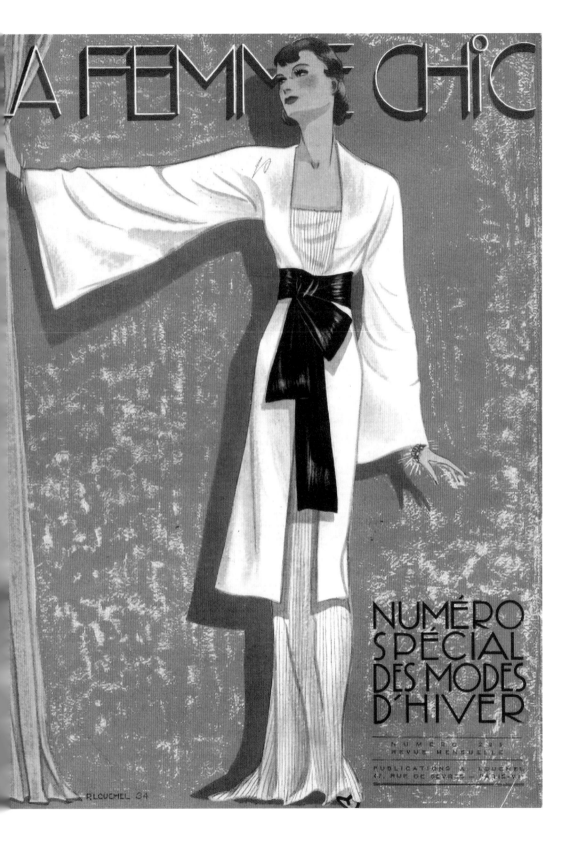

右页图
女演员多萝西·拉摩尔穿着大朵花卉印花的
晚礼服，搭配双色披肩，由伊迪丝·海德设
计，1934年

968 a

968

968 Robe de bal en velours chiffon, garnie de galons brodés métal, terminés
dans le creux du dos par deux grosses roses de velours. Volant basque
remontant devant, prolongé en deux lés traînants, pointus.

968 a Redingote avec cape en velours chiffon, ornée hermine d'été.

Album de Bal

26

27

26 Robe du soir en lamé or. Col en dentelle or, coutures biaisées.
Jupe ajustée avec un volant en forme rapporté en biais.

27 Princesse en satin cuit, décolletage dégageant les épaules,
bretelles découpées, petites manches bouffantes, bordure de re-
nard, volant en forme.

左页图、上图

深紫色天鹅绒披肩袖舞会礼服，衣身饰有银
线刺绣图案，搭配饰有貂皮镶边的披肩款外
套。*Modèles Originaux*，约1934年

金色丝织锦缎斜裁晚礼服，设计有蕾丝披
肩领，搭配黑色过肘长手套；蓝色丝缎泡泡
袖晚礼服，裙摆饰有银色狐狸毛皮。*Album
de Bal*，约1934年

晚礼服

Eveningwear

安·谢里丹身穿一件丝缎，皮草领闺
。华纳兄弟影业，1934年

下方左图、右图
三款优雅的晚礼服。*Elégances du Soir*，
1934年

黑色丝绉舞会礼服，搭配绣有珍珠的薄纱
披肩；酒红色塔府绸连肩袖舞会礼服；淡蓝
色斜裁舞会礼服，配乔其纱袖。*Album de
Bal*，1934年

下方左图、右图

绿色丝缎修身晚礼服，有立体扇形的肩部设计；白色双绉晚礼服，配红色雪纺腰部饰带和肩带。*Album de Bal*，1934年

淡玫瑰色的晚礼服，配褶饰袖子和衣领；淡紫色晚礼服，配有贯穿领口的缎带装饰。*Elégances du Soir*，1934年

右页图

淡紫色丝缎晚礼服。太阳彩色摄影工作室，英国，1934年

晚礼服

34 Robe du soir en crêpe Patou, grand décolleté du dos, bretelles formées de perles. Ceinture du dos en velours chiffon. Jupe élargie par des plis godets.

34 a Vêtement du soir en velours chiffon, gros col fourrure.

35 Robe du soir en velours. Volants dentelle or drapés aux épaules, découpes festonnantes terminant par un gros nœud dans le dos.

下图、左页图

女演员爱丽丝·布雷迪身穿丝缎连衣裙搭配长袖外套，衣领上饰有宝石装饰，手腕佩戴宝石手镯，颈上一条Y形结状吊坠项链，约1934年

柠檬黄"巴杜丝绸"晚礼服，肩部装饰数串珍珠，腰部系棕色丝绒饰带；紫色的晚礼服，肩部饰有蕾丝花边。*Album de Bal*，1934年

晚礼服

右页图
好莱坞女演员卡罗尔·隆巴德身穿一件奢华的
低领口晚礼服,设计有夸张的褶饰袖

下图、右页图

Martial et Armand时装屋设计的肉粉色
丝缎晚礼服，设计有荷叶边式露肩袖，裙身
两侧是塔层荷叶边裙摆；伯纳德时装屋设
计的黄色丝绉露背晚礼服。*Les Créations
Parisiennes*，约1934年

红色丝绒盖肩袖连衣裙，搭配狐狸毛皮镶边
披肩。*Modèles Originaux*，约1934年

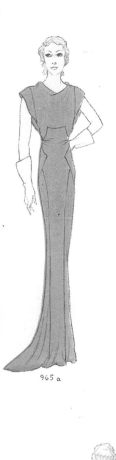

965 a

965

965 Toilette de bal de panne. Corsage drapé, col couvrant les épaules. Echarpe
incrustée en pointe. Cape détachable bordée renard.
965 a Vue de la robe sans la cape.

10 Robe du soir en satin suit, petites manches en vison, basques en forme, rapportée, jupe traînante, ceinture du tissu de la robe.
10a Vêtement en lamé or avec manches rapportées, distantes.

左页图、下图

珊瑚色丝缎，水牛毛皮露肩短袖晚礼服，可
搭配水牛毛皮披肩或者泡泡袖外套。*Album
de Bal*，约1934年

深紫色天鹅绒披肩舞会礼服，裙身饰有
银线刺绣，搭配貂皮镶边的披风式外套。
*Modèles Originaux*绘，约1934年

晚礼服

上图、左页图
好莱坞女演员弗朗西斯·兰福德身着黑色雪纺天
鹅绒晚礼服，带有深V形露背设计。派拉蒙影业，
1935年

好莱坞女演员西尔维娅·西德尼身着黑色长裙，搭
配层叠蕾丝短上衣。派拉蒙影业，约1935年

晚礼服

下图、左页图

好莱坞女演员弗朗西斯·兰福德身穿黑色
锦缎，深 V 领口，泡泡袖晚礼服。派拉蒙影
业，1935 年

女演员海伦·文森穿着饰有双排宝石纽扣的
茶会礼服。福克斯影业，1935 年

右页图
"向日葵"裙，面料为杏色人造丝织波纹纹绸，上衣搭配黄绿色修身夹克。*Good Housekeeping*，约1936年

Eveningwear

上图、左页图
女演员路易丝·坎贝尔身着真丝晚礼服，搭配飘逸垂顺的披肩。派拉蒙影业，1937年

好莱坞女演员凯·弗朗西斯身着绕颈肩带款黑色束腰连衣裙，饰有大的真丝制花朵，内搭及地丝缎裙。华纳兄弟影业和Vita-phone影业，1936年

晚礼服

下图、右页图
女演员玛丽安·马什身穿黑色真丝褶裥连衣
裙，胸部以上用白色蕾丝制成。新闻照片，
约1937年

弗朗茨工作室设计的亮白色弹力真丝晚礼
服，1937年

STUDIO
FRANZ

晚礼服

左页图、上图

女演员薇达·安·博格身穿金色丝织锦缎露
背连衣裙。派拉蒙影业，1936年

未知女演员穿着黑色修身晚礼服，饰有华丽
的金属丝线刺绣图案，约1938年

10522

10523

10522

10523

左页图、下图
粉色亚光丝缎剧院礼服，裙身修长，上身拼接网布育克；深浅色对比重缎舞会礼服，设计有泡泡袖和钟形裙摆。*Chic Parisien*，1938年

罗纹真丝晚礼服，设计有交叠式丝绒制前胸领口；丝缎晚礼服，配饰有亮片刺绣的袖子。*Chic Parisien*，1938年

9964　　9965

下方左图、右图
三款晚礼服。插图：布鲁内塔·梅特迪，约
1938年

两款晚礼服。插图：布鲁内塔·梅特迪，约
1938年

右页图
鲜红色晚礼服，搭配绿色礼服大衣和黑色长
插图：布鲁内塔·梅特迪，约1938年

上图、右页图
紫色晚礼服，搭配羽毛装饰的天鹅绒头巾。插图：
布鲁内塔·梅特迪，约1938年

优雅的红白格纹晚礼服，设计有褶饰立领，搭配黑
色衬裙。插图：布鲁内塔·梅特迪，约1938年

Eveningwear

S 55730   S 55731

Les CROQUIS *du* GRAND CHIC

S 55 721

左页图、上图
两款绕颈吊带领露背晚礼服。*Les Croquis du Grand Chic*, 1938年

饰有深红色刺绣的蓝色晚礼服。*Les Croquis du Grand Chic*, 1938年

晚礼服

下图、右页图
女演员玛德琳·卡罗尔身穿一件饰有图案的
金银丝织锦缎连衣裙，领口装饰有人造花朵。
华纳影业，1938年

桃粉色晚礼服，外面披着黑色的歌剧礼服斗
篷。*Les Croquis du Grand Chic*，1938年

S 55720

"MISS 1939"

"IRINA"

上图、右页图

L. Mentrier设计的两款修身印花丝绸晚礼
服，1939年

L. Mentrier设计的两款印花丝绸及地晚礼
服，1939年

Eveningwear

"LYSE"

"GITANE"

上图、右页图

女演员艾琳·邓恩身着黑色罗缎塔府绸修身连衣裙，裙身印有蓝色和粉色波点。环球影业，1939年

女演员多萝西·拉穆尔身着真丝晚礼服，上身饰有装饰刺绣。派拉蒙影业，1939年

上图、左页图

社交名媛莉莲·菲特纳身着褐色蕾丝晚
礼服，搭配蕾丝头纱。ACME新闻照片，
1939年

1939年，女演员克劳黛·考尔白身穿黑色
晚礼服，上身为黑色天鹅绒紧身胸衣，下身
为黑和粉色相间印花真丝散摆长裙，由好莱
坞的艾琳设计，1939年

晚礼服

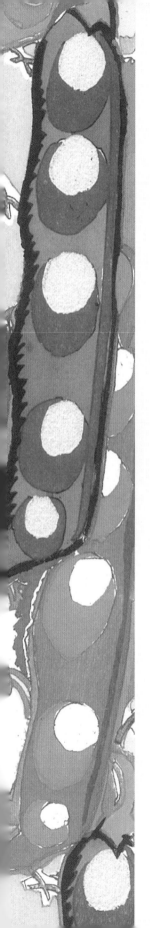

配饰

右页图

玛塞尔·莱莉（Marcelle Lély）设计的
两款宽檐钟形帽。*Les Chapeaux de La Femme Chic*，1930年

下图、右页图
罗丝·安德里·诺德（Rose Andrée Nordet）设计的两
款帽子。*Les Chapeaux* de *La Femme Chic*, 1930年

杰曼·佩吉（Germaine Page）和玛塞尔·莱莉设计的三
款帽子。*Les Chapeaux* de *La Femme Chic*, 1930年

Rose · Andrée · Nordet.

Les chapeaux
de la femme chic
Supplément au N° 172

Pl. 1
Imp. Lafontaine.
Paris

左页图、上图、下页图

爱娃&布兰奇（Eva & Blanche）设计的三款帽子。
Les Chapeaux de La Femme Chic，1930年

简·布朗肖设计的两款帽子。*Les Chapeaux de La
Femme Chic*，1930年

钟形帽精选，约1930年

配饰

FM. 67670. **Joli CHAPELIER**
en manille très belle qualité,
coloris mode. **59.**
Entrées 53, 55, 57, 59.
Le même, en mi-feutre souple
belle qualité...... **19.**50

FM. 67665. **CLOCHE** mi-feutre
souple, belle qualité, coloris
mode.
Entrées 53, 55, 57, 59. **29.**

DO. 37498 **CLOCHE** mode e
paille exotique, garnie feuille
velours, coloris **57**
mode...............

FM. 67669. **CLOCHE** nouvelle,
spleet très fin, coloris mode.
Entrées 53, 55, 57, 59. **57.**

FM. 67666. **FORME** élégante en
crin belle qualité, ruban satin,
coloris mode. **39.**
Entrées 53, 55, 57, 59.
La même, en spleet **43.**
fin..................

FM. 67667. **Jolie CAPELINE**
crin belle qualité, ruban satin,
coloris mode. **37.**
Entrées 53, 55, 57. 59.
La même, en paille **52.**
exotique belle qualité

CK. 07157. **Jolie TOUFFE**
azalées soie et velours,
toutes teintes **17.**
mode...............

CK. 07160

CK. 07157

CK. 07160. **CHUTE** boutons
d'or soie, tein- **14.**50
tes mode......

CK. 07161. **BOUQUET**
fleurs des champs, **7.**75
teintes naturelles.

CK. 07161

CK.07164. **M O**
chapeau, simil
belle qualité...

CK. 07

FM. 67668. **CHAPELIER** paille
exotique belle qualité, coloris
mode. **59.**
Entrées 53, 55, 57, 59.

**Les chapeaux précédés des lettres FM
se trouvent au rez-de-chaussée**

DO. 37494. **TROTTEUR** en vrai feutre, garni fantaisie plumes, coloris mode .... **79.**

DO. 37500. **CHAPEAU** en palmier, garni gros grain et fantaisie, coloris mode.. .... **85.**

DO. 37497. Jolie **CLOCHE** paille genre manille, garnie payots de velours, coloris mode........ **49.**

DO. 37501. Joli **CHAPEAU** mode en palmier et feutre, garni ruban satin et motif bijouterie, coloris mode .... **105.**

DO. 37496. Petite **CLOCHE** paille et feutre, garnie ruban fantaisie, coloris mode................ **75.**

Grande **CLOCHE** garnie ruban et plumes, de....... **65.**

CK. 07159. **PAVOT** velours, belle qualité, rouge, beige, capucine, jaune, bleu mode, amande, noir, blanc, vieux rose, gris, marine. **5.75**

CK. 07159

BOUQUET petites velours soie, avec tons **16.**75

IF similis ec **8.**75

CK. 07158

CK. 07156

CK. 07156. **TOUFFE** trois pâquerettes belle qualité, tons pastels **9.**50

CK. 07155. Gros **CAMÉLIA** velours et soie, avec feuilles, coloris nouveaux........ **12.**

CK. 07155

DO. 37495. **CLOCHE** avec calotte paille dentelle et passe feutre, ruban satin, coloris mode........ **69.**

Les chapeaux précédés des lettres DO se trouvent au 2ᵉ étage

Yvonne et Maggy

Les chapeaux
de la femme chic

Supplément au N°173

Pl. 4

Imp. Lafontain.

左图、右页图

伊冯和马吉（Yvonne et Maggy）设计的三
款帽子。*Les Chapeaux de La Femme Chic*,
1930年

伊冯和马吉设计的两款黑色草帽。*Les Cha-
peaux de La Femme Chic*, 1930年

Accessories

Les chapeaux de "La femme chic"
Supplément au Nº 173

Antoinette

Pl. 5

Imp. Lafontaine

左图、右页图

巴黎女帽商安托瓦内特（Antoinette）设计的
三款时尚女帽。*Les Chapeaux de La Femme
Chic*，1930年

由玛塞尔·莱莉设计的三款帽子。*Les Cha-
peaux de La Femme Chic*，1930年

下图

塞西尔·玛格丽特（Cécile Marguerite）设计的
两款帽子。*Les Chapeaux de La Femme Chic*,
1930年

右页图

海莲娜·朱利安（Hélène Julien）设计的三款帽子,
1920年代末和1930年代初, 贝雷帽由工作服的
一部分演变成一种时尚单品。*Les Chapeaux de La
Femme Chic*, 1930年

下图、右页图
女演员朱迪思·伍德戴着一顶饰有白色羽毛的黑色毛毡帽。
派拉蒙影业，1931年

1931年10月的 *Les Chapeaux de La Femme Chic* 封面，
一顶帽子的插图，由马塞尔·罗兹（Marcelle Roze）绘制

20ᵉ ANNÉE
Nᵒ 188

PARAIT LE
1ᵉʳ DU MOIS

LES CHAPEAUX DE LA FEMME CHIC

MARCELLE ROZE

PUBLICATIONS A. LOUCHEL
47, RUE DE SÈVRES — PARIS-VI

MARGUERITE
ET
LÉONIE

左页图、上图
两款简·布兰肖设计的帽子。*Les Chapeaux de' La Femme Chic*，1931年

两款帽子由玛格丽特和莱奥妮（Marguerite et Léonie）设计。*Les Chapeaux de' La Femme Chic*，1931年

配饰

右图
用涂漆草编带做装饰镶边的棉质硬纱春季
帽，约1932年

右页图

一顶由玛多（Mado）设计的草编帽，正面和侧面展示。*Les Chapeaux de' La Femme Chic*，1932年

配饰

下图
酒红色皮革帽，帽冠是网格镂空式的"装饰性保暖层"的设计，由铂尔曼·布里弗鲁尔（Pullman Brevelour）设计，在伦敦皮鞋和皮革博览会上展出，1932年

下方左图、右图
时尚的双色皮革高跟鞋，约1932年

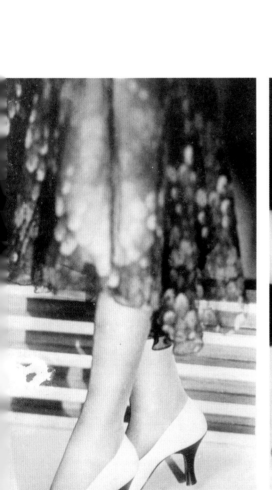

右图
一双时尚的双色皮鞋，1932年

下图
1933年 *La Femme Chic* 的封面，展示女
人穿着驾驶大衣，搭配帽子、围巾及长款驾
驶手套

下图、右页图
伊莎贝尔·德·拉姆戴着一顶带面纱的贴合
头部的帽子，作为臭名昭著的沃尔特·万德
威尔谋杀案的证人出现，1933年

女演员艾琳·赫维戴着一顶时髦的斜角帽，
搭配皮草围巾，手拿一个大的皮革手包，约
1935年

右页图

著名的巴黎时装设计师艾格尼丝夫人在她
的巴黎商店里展示她当时最新的作品：用羽
毛制成的帽子、衣领和暖手筒。世界照片，
1935年

下图、左页图

三款布吕耶尔设计的帽子。*Les Chapeaux Elégants*，1936年

女演员艾琳·赫维戴着一顶时髦的圆顶斜檐帽，搭配皮草短外套，1935年

bruyère

TRÈS APRÈS-MIDI, CE TURBAN
EST EXÉCUTÉ EN JERSEY
VIOLET, FUCHSIA ET BLEU.

PETIT CHAPEAU DE PAILLE
FANTAISIE PAIN BRÛLÉ, GARNI
D'UN GROS-GRAIN FUCHSIA.

GRAND BRETON DE PAILLAS-
SON BLANC, ORNÉ DE RUBAN
VERT ET DE COMÈTE ROUGE.

配饰

marcelle ROZE

Très sport, ce feutre est mi-partie tête de nègre, mi-partie jaune orangé. Piqûres du ton opposé.

Également pour le sport ce feutre « Eau morte », est ceinturé d'une bande de cuir carmin.

Pour l'après-midi, ce chapeau en velours noir drapé et en feutre.

WORTH

*Très sport, ce feutre bana-
ne est entouré de gros
grain tubulaire nègre.*

*Très chic, ce béret est exé-
cuté en feutre capucine.*

左页图、上图
马塞尔·罗兹（Marcelle Roze）设计的三款帽
子。*Les Chapeaux Elégants*，1936年

沃斯设计的两款帽子。*Les Chapeaux Elégants*，
1936年

配饰

AGNE

Très chic, cette toque de cocktail est exécutée en velours et feutre vieux rouge.

En feutre ambre, ce chapeau très sport est ceinturée de gros-grain marine.

Ce feutre jaune d'or foncé est piqué d'une flèche noire. Le relief du chiffre est en feutre noir.

Jane Blanchot

*Ce charmant toquet est exécuté
en feutre jaune d'or brique.*

*Très élégant béret de profil,
en velours de soie drapé.*

*Une aile de plumes caractérise
ce relevé en feutre bordeaux.*

左页图、上图
三款艾格尼丝设计的帽子。*Les Chapeaux
Elégants*，1936年

简·布兰肖设计的三款帽子。*Les Cha-
peaux Elégants*，1936年

配饰

BRAAGAARD

Toque de cocktail en feutre noir, tenu par une résille formant serre-tête.

Ce feutre noir, bordé de gros-grain est orné d'un nœud de voilette.

D'allure sportive, ce feutre tête de nègre est égayé d'une large ceinture de léopard.

MODÈLES DÉPOSÉS. P. A. L S.
Reproduction interdite.

Supplément au N° 47. Chapeaux Élégants. — Pl. 11.

上图、右页图
布拉加德（Braagaard）设计的三款帽子。
Les Chapeaux Elégants，1936年

刘易斯（Lewis）设计的三款帽子。*Les*
Chapeaux Elégants，1936年

Accessories

Lewis

En antilope nègre, ce grand béret est garni de quatre couteaux de faisan.

Cette casquette d'antilope vert anglais, est ceinturée d'une chaîne d'or.

Toque de taupé chambertin, incrustée de feutre épinglé d'argent.

下图、右页图
罗斯·瓦卢瓦（Rose Valois）设计的两顶帽
子。*Les Chapeaux Elégants*, 1936

让·巴杜设计的三款帽子。*Les Chapeaux
Elégants*, 1936年

Jean Patou

"Cache-cache." *Cloche de feutre noir relevée derrière, dont la passe est fendue en deux endroits.*

"Bon petit diable." *Petit chapeau en velours saphir, à calotte très fuyante, garni d'une fantaisie en tissu écossais.*

"Curieuse." *Un très joli travail de petites lames de taupé superposées est présenté dans cette cloche garnie de velours.*

右页图
模特戴着一顶草帽，帽檐装饰有人造的飞絮柳
枝和天鹅绒制西红柿，摄影：G.霍华德·霍奇。
纽约，1936年

germair PAG

Feutre noir dont le drapé de la calotte est bordé de gros-grain du ton.

Feutre gris à pois, ceinturé d'une cordelière de laine de deux tons.

Petite toque de breitschwanz noir garnie de queues d'hermine.

germaine
PAGE

Feutre noir dont la calotte très basse est ceinturée d'un étroit gros-grain.

Ce grand béret de feutre présentant un mouvement tricorne est travaillé de pinces.

Petit chapeau exécuté en tissu suédé dont la passe et la patte de la calotte sont piqués.

左页图、上图
杰曼·佩吉（Germaine Page）设计的三款
帽子。*Les Chapeaux Elégants*，1936年

杰曼·佩吉设计的三款帽子。*Les Chapeaux Elégants*，1936年

配饰

Madame Marie-Alphonsine

CETTE TOQUE DE
ET NOIR EST BORD
GRAIN FUCHSIA ET

PANAMA BLANC, AGR
RUBAN DE GROS-GR

CHARMANTE, CETTE
FEUTRE ROSE BUV
RÉE D'UN GROS-GR

左页图、下图
玛丽·阿方辛夫人（Madame Marie Alphonsine）设计的三款帽子。*Les Chapeaux Elégants*，1936年

科莱特·戈皮设计的两顶特殊场合用的带网纱的帽子。*Les Chapeaux Elégants*，1936年

LE/ CHAPEAUX ELÉGANTS

Colette Goupy

Ce chapeau est composé de petits gros-grains roses reliés et tressés.

Marquis de paille fantaisie marine, porté avec une grande voilette du ton.

配饰

ROSE VALOIS

CE CHARMANT PLATEAU DE
PANAMA NOIR EST ÉGAYÉ
D'UNE TOUFFE D'ANÉMONES.

UNE CROSSE DE PLUMES VERT
BRONZE ET ROUGE, EST PIQUÉE
SUR CE PAILLASSON OR BRULÉ.

MEXICAIN DE PICOT PAIN BRU
ET PAILLE DORÉE, CEINTU
D'UN RUBAN DE FEUTR

左页图、下图

罗斯·瓦卢瓦设计的三款帽子。*Les Chapeaux Elégants*，1936年

玛朵设计的两款帽子。*Les Chapeaux Elégants*，1936年

MADO

Petite toque d'antilope et satin laqué noir.

Chapeau de velours noir dégageant le côté gauche du visage.

Supplément au n° 32 pl. 6

下图

莫林诺时装屋设计的两顶帽子。*Les Cha-
peaux Elégants*，1936年

右页图

女演员芭芭拉·里德戴着一顶饰有丝丝
的大草帽。环球影业，1937年

MOLYNEUX

*Un velours noir ceinturé de gros-
grain compose cet élégant chapeau.
Cocardes de gros-grain blanc.*

*Cette cloche en taupé rouge bri-
que est agrémentée d'ottoman vert
vif formant nœud sur le devant.*

MODÈLES DÉPOSÉS, P. A. I. S.
Reproduction interdite.

CHAPEAUX ÉLÉGANTS — Supplément au nº 36 pl. 4.

右图
好莱坞女演员劳里·道格拉斯戴着一顶饰有
罗纹织带的亚麻帽子，1937年

右页图

女演员波莉·罗尔斯戴着佩斯利花纹印花真
丝头巾帽，搭配同款面料围巾。环球影业，
1937年

上图、右页图
一顶黄绿色的编织草帽，装饰有罗缎蝴蝶结
和四色风信子花束饰带。ACME新闻图片，
1938年

女演员简·怀曼身穿米色和象牙色相间的人
字纹花呢外套，头戴可萨克式帽子。均由霍
华德·苏普（Howard Shoup）设计。华纳
兄弟影业，1938年

Accessories

上图、右页图
女演员罗斯玛丽·莱恩戴着一顶饰有织带的平顶窄檐帽，饰有面纱。华纳兄弟影业，1939年

饰有网带蝴蝶结和真丝花饰的黑色春季草编帽，1938年

Accessories

右页图
女演员埃莉诺·鲍威尔头戴重工钉珠刺绣的
帽子，佩戴一条盒式吊坠的金项链。ACME
新闻图片，1938年

CE CHARMANT PAILLAS-
SON FANTAISIE S'ORNE
D'UN NŒUD DE GROS-
GRAIN FRAMBOISE.

TRÈS JEUNE, CE CHA-
PEAU DE BAKOU ROUGE
FRAMBOISE EST GARNI
D'UNE AILE NOIRE CIRÉE

上图、左页图

两款夏帕瑞丽设计的帽子，都采用了该时装
屋标志性的粉色。*Chapeaux Elégants*，约
1939年

女演员吉恩·普莱斯戴着装饰有鲜艳的旱金
莲花束的浅冠宽檐草帽，约1939年

配饰

Mado

CE PAILLASSON MARINE
EST ORNÉ DE PETITES PEN-
SÉES ROSES ET ORANGE.

DES NŒUDS ROSES, CIEL, VERTS,
SONT DISPOSÉS SUR CE PLA-
TEAU DE PAILLASSON MARINE.

UN GROS-GRAIN VIOLET C
LA CALOTTE DE CE PAIL
MARINE. OISEAU DE CO

左页图
玛多设计的三款草帽。*Les Chapeaux Elégants*，1939年

下图
女演员吉纳维芙·布鲁穿戴格子印花塔夫绸
制成的四件套配饰。好莱坞时尚，1939年

右页图

女演员盖尔·佩奇头戴一顶饰有丝带蝴蝶结
的时尚女帽，手拿一个装饰有铃铛吊坠的拉
链手包。华纳兄弟影业，1939年

上图

贵族美丽·利曼戴着一顶帽冠较浅，有卷边帽檐的黑色圆顶毛毡帽。华纳兄弟影业，1939年

上图
女演员罗斯玛丽·莱恩戴着一顶饰有羽毛的
平顶小圆帽和一层遮盖全脸的面纱。华纳兄
弟影业，1939年

配饰

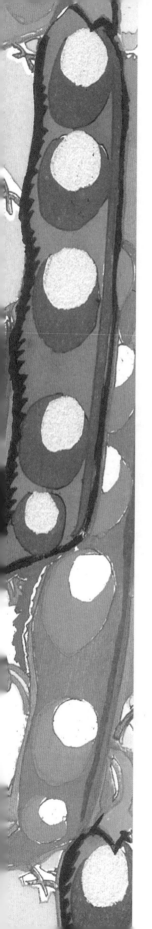

其他

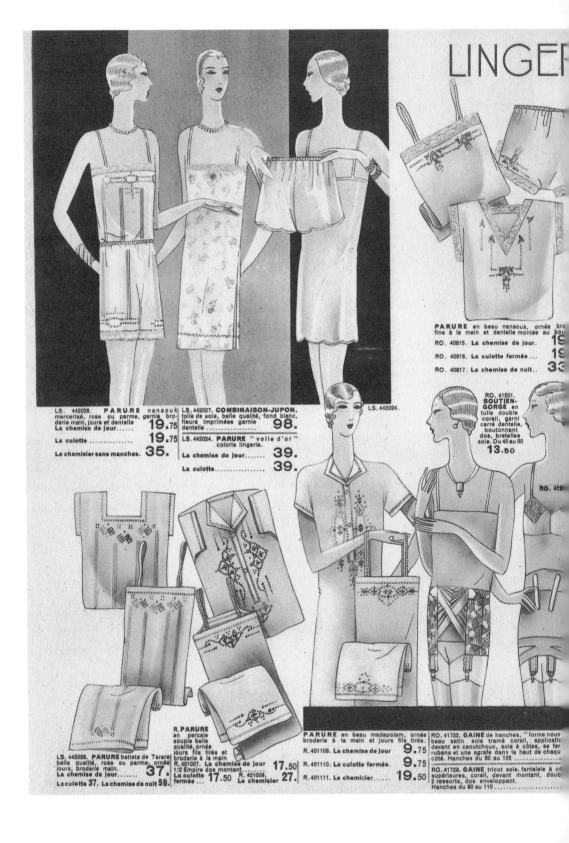

PARURE en beau nansouk, ornée bre
fine à la main et dentelle montée au bou

RO. 40815. La chemise de jour...... 19

RO. 40816. La culotte fermée... 19

RO. 40817. La chemise de nuit... 33

LS. 442028. **PARURE** nansouk
mercerisé, rose ou parme, garnie bro-
derie main, jours et dentelle
La chemise de jour...... **19.75**

La culotte **19.75**

Le chemisier sans manches. **35.**

LS. 442027. **COMBINAISON-JUPON,**
toile de soie, belle qualité, fond blanc,
fleurs imprimées garnie
dentelle ...... **98.**

LS. 442024. **PARURE** "volle d'or"
coloris lingerie.

La chemise de jour...... **39.**

La culotte................ **39.**

LS. 442024.

RO. 41201.
**SOUTIEN-
GORGE** en
tulle double
corail, garni
carré dentelle,
boutonnant
dos, bretelles
soie. Du 40 au 50
13.50

RO. 412

R. PARURE
en percale
souple belle
qualité, ornée
jours fils tirés et
broderie à la main
R. 401007. La chemise de jour **17.50**
1/2 Empire dos montant.
La culotte **17.50** R. 401009. Le chemisier **27.**
fermée ...

LS. 442026. **PARURE** batiste de Tarare
belle qualité, rose ou parme, ornée
jours, broderie main.
La chemise de jour...... **37.**

La culotte 37. La chemise de nuit 59.

PARURE en beau madapolam, ornée
broderie à la main et jours fils tirés.
R. 401109. La chemise de jour **9.75**

R. 401110. La culotte fermée. **9.75**

R. 401111. Le chemicier...... **19.50**

RO. 41732. **GAINE** de hanches, "forme nouv
beau satin soie tramé corail, applicatio
devant en caoutchouc, soie à côtes, se fer
rubans et une agrafe dans le haut de chaqu
côté. Hanches du 80 au 105 ....

RO. 41728. **GAINE** tricot soie, fantaisie à cô
supérieures, corail, devant montant, doub
2 ressorts, dos enveloppant.
Hanches du 80 au 110 ....

Other

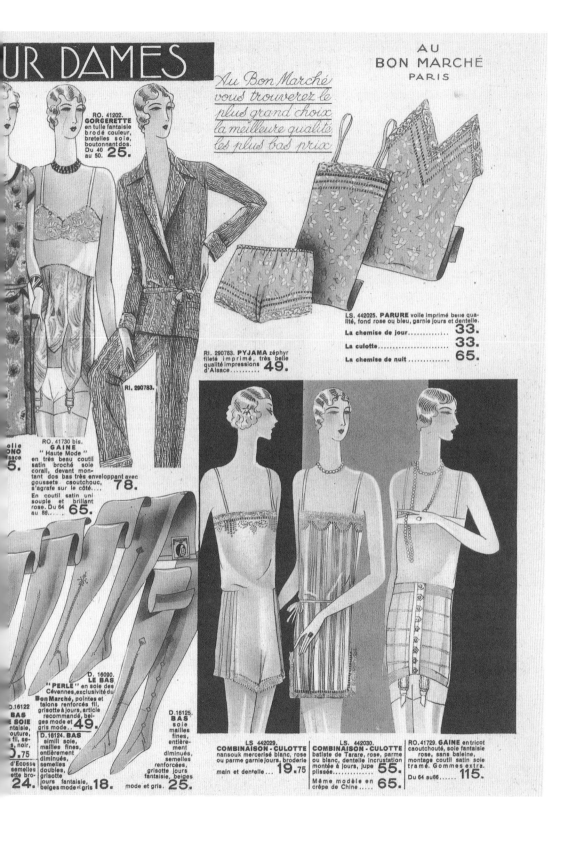

UR DAMES

*Au Bon Marché
vous trouverez le
plus grand choix
la meilleure qualité
les plus bas prix*

**RO. 41202.
GORGERETTE**
en tulle fantaisie
brodé couleur,
bretelles soie,
boutonnant dos.
Du 40
au 50. **25.**

GAINE
"Haute Mode"
en très beau coutil
satin broché soie
corail, devant mon-
tant dos très envelopant avec
goussets caoutchouc,
s'agrafe sur le côté.... **78.**
En coutil satin uni
souple et brillant
rose. Du 64
au 86. **65.**

RO. 41730 bis.

RI. 290783.

RI. 290783. PYJAMA zéphyr
fileté imprimé, très belle
qualité impressions
d'Alsace. **49.**

LS. 442025. PARURE voile imprimé belle qua-
lité, fond rose ou bleu, garnie jours et dentelle.

La chemise de jour	**33.**
La culotte	**33.**
La chemise de nuit	**65.**

**D. 16090.
LE BAS
"PERLE"** en soie des
Cévennes, exclusivité du
Bon Marché, pointes et
talons renforcés fil,
grisotte à jours, article
recommandé, bei-
ges mode et
gris mode. **49.**

**D. 16122
BAS
e SOIE**
fantaisie,
couture,
s fil, se-
s noir, **.75**

d'Ecosse
semelles
ette bro- **24.**

D. 16124. BAS
simili soie,
mailles fines,
entièrement
diminués,
semelles
doubles,
grisotte
jours fantaisie,
beiges mode et gris. **18.**

**D. 16125.
BAS
soie
mailles
fines,
entière-
ment
diminués,
semelles
renforcées,
grisotte jours
fantaisie, beiges
mode et gris. **25.**

**LS. 442029.
COMBINAISON - CULOTTE**
nansouk mercerisé blanc, rose
ou parme garnie jours, broderie
main et dentelle... **19.75**

**LS. 442030.
COMBINAISON - CULOTTE**
batiste de Tarare, rose, parme
ou blanc, dentelle incrustation
montée à jours, jupe
plissée. **55.**
Même modèle en
crêpe de Chine. **65.**

RO. 41729. GAINE en tricot
caoutchouté, soie fantaisie
rose, sans baleine,
montage coutil satin soie
tramé. Gommes extra.
Du 64 au 86. **115.**

其他

前页图
内衣精选，乐蓬马歇百货公司商品目录，
1930年代

上图
演员兼美腿模特玛丽·梅森身穿一件透明
蕾丝睡衣，上面装饰有水晶。雷电华影业，
1932年。当时，这种图片被认为有伤风
化，被编入"预编码"，从1934年开始它
的发行就受到限制，同年电影制作管理代码
制度开始生效

上图
经编针织睡衣精选。*Croquis Artistiques*，
1934年

右图
一件波蕾诺风格的粉色安哥拉羊毛编织开衫，饰有系带蝴蝶结，由Bear Brand-Bu-cilla纱线公司制作，约1937年

左页图

女演员爱丽丝·菲身穿绿色天鹅绒插肩袖睡
衣,搭配银色丝织锦缎腰带。新闻照片公
司,1935年

上图、右页图

简洁的白色真丝新娘礼服，配真丝网纱制
头纱；淡粉色伴娘礼服，配有文艺复兴风格
的蕾丝领；白色和银色丝织锦缎新娘礼服，
上身饰有斜向的叠褶，设计有一字领。*Très
Parisien*，1932年

女演员爱瑟·安吉尔身穿新娘礼服，头戴饰
有珍珠的头饰，1934年

右页图

女演员米里亚姆·霍普金斯在电影《爱情无计》(*Design for Living*)中穿着一款丝缎新娘礼服，配双层头纱，1933年

上图

好莱坞女演员盖尔·帕特里克身穿饰有金银丝织图案的丝绉新娘礼服，长款拖尾头纱边缘装饰有金色树叶贴花。派拉蒙影业，1936年

左页图

好莱坞女演员珍·亚瑟穿着配有真丝网纱制头纱的蕾丝新娘礼服，1935年

458

9966
9967

10516
10517

上方左图、右图
白色丝缎小翻领新娘礼服，前身饰有褶饰；
白色中国缎新娘礼服，设计有蕾丝拖尾。
Chic Parisien，1938年

一款尚蒂伊蕾丝新娘礼服，是修身上衣配
钟形裙的设计；以及一款丝缎新娘礼服，上
身是宽松式，泡泡袖的设计，下身是修身长
裙。*Chic Parisien*，1938年

右页图
肉色绸背绉新娘礼服，配珍珠腰带和饰有蕾
丝贴边的真丝网纱制头纱，1932年

Other

下图、右页图
詹森（Jantzen）公司的"露肩"泳衣广告，1931年

米茨·斯威特兰为詹森泳衣做模特展示，1931年

右页图

红色的山东丝绸沙滩裤配比基尼上装，针织
衬衫搭配帆布裤的游艇套装。Les *Créations*
Parisiennes，1932年

Les Créations Parisiennes

Nº 234. - Pyjama de plage en shantung rouge et imprimé.

Nº 235. - Pour le yachting, ce pyjama est en toile de tons vifs. Blouse de jersey.

其他

上图、左页图
女演员凯瑟琳·伯克身穿白底配红色波点针
织泳衣，搭配同款印花真丝披肩。派拉蒙影
业，1933年

詹森泳装目录封面，1932年　　　　　　　　其他

左页图、上图
沙滩裙、泳衣和沙滩休闲套装。*Très Parisien*,
1933年

女演员弗朗西丝·迪伊身穿橙白棕三色针织泳
衣。派拉蒙影业，1933年

其他

上图、右页图
女演员韦尔娜·希利穿着黑白相间射线图
案的泳衣。派拉蒙影业，1933年

斯卡约尼（Scaioni）拍摄的沙滩套装，
1934年

上图、左页图
女演员阿斯特丽德·奥尔温身穿沙滩套
装，双色拼接绕颈系带露背上衣配短裤，
外搭弹力真丝制环绕式半裙。福克斯影
业，1936年

斯卡约尼拍摄的羊毛沙滩套装，1934年

其他

右页图
女演员海伦·马克身着亚麻水手服款连衣裙，裙身
饰有系带装饰细节。派拉蒙影业，约1935年

左页图
女演员琼·特拉维斯、玛丽·威尔逊和卡罗
尔·休斯穿着棉质海滩时装。华纳兄弟影业,
1936年

Other

THE FASHION WORLD
The Most Attractive New York Styles—Embroidery—Fashion Articles

B-3371
12-20

SUMMER
1938

B-2786
12-40

Price of all patterns in this book 15 cents each. Mail order to our Fashion Department. Be sure to write your name and address very clearly, enclose 15 cents for each pattern ordered, stamps or coin, but if you send coin, be sure to wrap very carefully.

Printed in U.S.A.

上图、左页图

The Fashion World 封面——展示了1930年代
末美国休闲时尚的盛行，1938年

安宗（Anzon）工作室设计的白色、绿色、红色和
黑色相间的花格图案针织泳衣，1937年

右图
五名模特穿着詹森泳衣，1938年

上图、左页图
一款运动服和一套裤装高尔夫套装。*Croquis Artistiques*，1934年

女演员康斯坦斯·贝内特着穿两件套印花泳衣，
搭配短夹克。米高梅影业，1939年

上方左图、右图
针织沙滩装精选。*Croquis Artistiques*，
1935年

三款针织沙滩套装。*Croquis Artistiques*，
1934年

右页图
舞台剧女演员阿德里安娜·义伦穿着
套装。1938年

Other

AU LOUVRE

60.170. COSTUME de sport
pièces se composant d'un
over, jupe, écharpe et
o, en tricot de laine
èrement gratté garni
rayures couleurs.

Blanc rayé noir,
Tout blanc.
Beige garni rouge.
Rouge garni blanc,

340 »

54.775. **POUR LE SKI.**
Costume tricot, belle
laine souple à petites côtes
Composition du costume :
polo, écharpe, chandail,
culotte et moufles. Coloris
fond blanc, bleu pastel ou
banane.

Les 5 pièces :

2 ans	3 et 4
155 »	**165** »
5 et 6	7 et 8
175 »	**195** »

60.168. **CHANDAIL** sport en gros
tricot de laine.
Blanc ou beige. **69** »

62.166. **PULL-OVER** en grosse
laine chinée, très belle qualité.
Marron, marine,
rouge ou beige. **120** »

L'écharpe assortie **59** »

60.165. **BLOUSE NORVÉGIENNE**
col montant, fermeture éclair,
en très beau tricot de laine.
Blanc, rouge, marine, kasha
ou citron.

165 »

60.167. **CHANDAIL** sport en très
belle laine. Tons mode.

150 »

65.1197. **COSTUME**
de ski en drap marine
ou noir, fermeture
"éclair"
345 »
En toile
250 »

**GRAND CHOIX DE
CULOTTES**
en drap norvégien
marine ou noir.
de **125** à **175**
En toile
à **110**

65.1226. **COSTUME** de
ski, vareuse hollandaise
drap marine ou noir
285 »

65.1186. **COSTUME** de
ski en très beau drap
norvégien, marine ou
noir
395 »

65.1123. **COSTUME** jupe culotte
En beau chevron
fantaisie **475** »

60.169. **GILET** tricot
en laine grattée.
Blanc, beige, rouge
ou citron.
59 »

L'ECHARPE en beau
tricot gratté, blanc,
beige, citron ou gris.
49 »

左页图、上图
卢浮宫百货冬季运动装目录封面，插图：米
拉曼（Miraman），1930年代

滑雪和其他款式冬季运动服装。卢浮宫百货
目录，1930年代　　　　　　　　　　其他

CHIC
PARISIEN

10519

10518

上图、左页图
两款滑雪套装。*Chic Parisien*，约1938年

雅克·海姆（Jacques Heim）设计的滑雪
套装。注意衬衫袖子上绣着设计师姓名的首
字母。多维纳（Dorvyne）工作室，1937年

其他

右页图

女演员安·谢里丹在电影《冬日嘉年华》
(*Winter Carnival*)(1939年)中穿着一套时
尚的滑雪套装。华纳影业,1939年

主要设计师生平

艾格尼丝（Agnès）
巴黎女帽公司
1917年—1940年代

　　艾格尼丝夫人是1920年代和1930年代巴黎最杰出的女帽商之一。她最初跟随卡罗琳·瑞邦（Caroline Reboux）接受专业的培训，并于1917年开办了自己的公司。她的创作反映了她对艺术的热爱，她受到玛德琳·薇欧奈等人的青睐。1936年，艾格尼丝夫人为女演员玛琳·黛德丽（Marlene Dietrich）设计了一款"印度头巾帽风格的无檐贝雷帽"（Hindu Beret Turban）。在第二次世界大战期间，她设计的款式继续强调实用性，比如针织头巾睡帽。她的帽子也在美国获得许可生产。公司位于巴黎圣夫洛朗坦大街6号和福布尔圣奥诺雷市郊路83号。

伯纳德（Bernad et Cie）
巴黎时装屋
活跃在1920年代—1930年代

　　Bernard et Cie时装屋生产量身定制服装、午后礼服、晚礼服、大衣和皮草。他们的服装以优雅纤细的廓形和精致的细节而闻名。时装屋位于巴黎歌剧院大道33号。

简·布兰肖（Jane Blanchot）
巴黎女帽公司
约1921年—1960年代

　　法国女帽制造商简·布兰肖也是一名雕塑家，即使在1910年时装屋开业后，她仍继续从事艺术创作活动。她创作了许多珠宝设计，并于1940年至1949年担任巴黎时装工会主席，她在任期间一直为保护工匠的权利而斗争。直到1960年代，她都在生产帽子。公司位于巴黎圣奥诺雷市郊路11号。

布拉加德（Braagaard）
纽约女帽公司
活跃于1930年代—1950年代

　　丹麦女帽商埃里克·布拉加德在纽约有一家小型的高端沙龙，从1930年代到1950年代一直在经营。1943年，布拉加德应征入伍，战后继续从

事创作设计极富独创性的帽子。布拉加德经常他的女帽设计中使用天鹅绒和羽毛。他在国际享有盛名，他的帽子不仅出现在美国出版物上，出现在法国和英国媒体报道中。公司位于纽约57街17号。

加布里埃·可可·香奈儿（Gabrielle 'Coco' Chanel）
巴黎设计师
1883—1971年
香奈儿高级定制工坊
1910年至今

　　12岁时，加布里埃·可可·香奈儿的母亲世，她被送到一家孤儿院，在那里学习缝纫术。1910年，她获得女帽店经营许可，随后在黎开设了自己的第一家巴黎精品店，名为Mod Chanel，专门经营时尚女帽。三年后，她在时尚度假胜地多维尔又开设了一家精品店，销售特的年轻"奢华休闲"运动装和休闲装。随后比亚里茨开设了另一家精品店，同样销售时尚闲服装，多为针织面料制成的休闲款式。1919香奈儿注册成为女装设计师，并在巴黎创立了己的高级定制工坊（Maison）。通过与Bourge香水屋负责人皮埃尔（Pierre）和保罗·韦特海（Paul Wertheimer）合作，香奈儿香水于192通过授权许可协议。在第二次世界大战期间，儿关闭了店铺，住在丽兹酒店，在1945年搬士，1954年回到巴黎，重新建立了她颇具影响的定制工坊。工坊位于巴黎康朋大街31号。

Creed
伦敦时装屋
约1730年代—1966年

　　Creed店铺于1710年在伦敦开业，最初从事裁缝、衣物修补和修改。创始人的儿子亨了斯特兰德（Strand）的一名裁缝，后来他的也叫亨利，在康迪街开了一家时尚裁缝店，在他成为了著名花花公子奥赛伯爵的裁缝。之后多利亚女皇将他引荐给时尚领袖尤金妮皇后依照皇后的骑行习惯为她设计创作了　　业马

(amazones)。在皇后的建议下，他于 1854
在巴黎开设了第二家店，并获得了一批尊贵的
，他们都是富有的君主。巴黎分部因其剪裁
的西装和缝制精美的女士骑马服而闻名。时
在第一次世界大战期间被迫关闭，战后，查尔
克里德七世（1909—1966 年）在伦敦重新开
reed 时装屋，地址位于伦敦罗勒街 31 号。

莉姐妹（Eneley Soeurs）
女帽定制屋
在 1930 年代

1930 年代，埃内莉姐妹在巴黎设计帽子。在
了一家沙龙后，这对年轻的姐妹对外展示了
的设计系列。她们的作品特点是突出贴合头
高帽冠式设计。定制屋位于巴黎圣夫洛朗坦
9 号。

·海姆（Jacques Heim）
时装设计师
9—1967 年
高级定制工坊（Maison Heim）
—1969 年

雅克·海姆的职业生涯始于他在伊萨多（Isa-
）和珍妮·海姆（Jeanne Heim）皮草时装店
经理一职。1925 年左右，他成立了一个定制
，负责生产大衣、西装和礼服。1930 年，他
了自己的高级定制工坊。海姆从来没有把自
某个特定的外观或风格联系在一起，因此，他
被人们视作时尚的创新者。相反，他的时装很
与时俱进，这是该工坊长久维持的关键。从
年到 1962 年，海姆担任巴黎时装工会主席。
立于巴黎拉菲特大街 48 号。

赫尔曼希（Berthe Hermance）
时装设计师
90 年代—约 1930 年代
莎·赫尔曼希是巴黎的一位重要设计师，她
在维多利亚时代和爱德华时代，以及一直
30 年代，都是为社会的富裕成员服务的。沙
巴黎盖隆大街 15 号和香榭丽舍大道 91 号。

爱马仕（Hermès）
法国定制时装屋
1837 年至今

蒂埃里·爱马仕早年是一个巴黎马鞍制造商，
他在 1937 年创立了自己的公司。最初生产皮具，
但很快扩展到生产配饰，后来又生产服装。该公司
被认为是第一个将拉链引入高级时装、手袋和行
李箱的公司。在 1920 年代早期，爱马仕曾设计过
一款皮夹克，用拉链固定开合。据该公司称，时尚
前卫的威尔士亲王认可并购买了这款带拉链的夹
克，导致了意外的高销量。1937 年，爱马仕推出
了一款新产品：手工印花丝巾。爱马仕丝巾是一款
边幅为 36 英寸的正方形丝巾，曾被用作画布，在
上面展示了各种各样的图案和抽象图像。时装屋
位于巴黎圣奥诺雷市郊路 24 号。

珍妮·浪凡（Jeanne Lanvin）
巴黎时装设计师
1867—1946 年
浪凡高级定制工坊（Maison Lanvin）
1909 年至今

珍妮·浪凡于 1909 年成为时装工会的一
员。在有人向浪凡索要她为女儿做的衣服的复制
品后，她开始制作儿童服装。不久，她就为母亲们
提供服装，设计母女的服装成了她工作的主要内
容。浪凡以她精致的袍服式（robes de style）设计
风格而闻名——常以历史风格为灵感设计的礼服
裙，其特点是宽下摆，内附有衬裙或裙撑。1920
年代，浪凡开设了专门销售家居内饰、男装和内衣
的店铺。浪凡把家族产业传给了她的女儿玛格丽
特·迪·彼得罗（Marguerite di Pietro），至今仍在
经营，并几经易手。该工坊位于巴黎圣奥诺雷大街
22 号。

杰曼·勒孔特（Germaine Lecomte）
法国时装和戏服设计师
1889—1966 年

杰曼·勒孔特是一名法国时装设计师，出生于
法国西部的布雷叙尔市。她为电影和舞台戏剧设
计服装，同时还设计个人的时装系列。她的巴黎沙

右图
巴黎高级定制沙龙的时装
展示，1933年

龙以其优雅的晚礼服和推出的同名香水系列而闻名。沙龙位于巴黎皇家大道22号。

卢西恩·勒隆（Lucien Lelong）
巴黎时装设计师
1923—1952年
勒隆高级定制工坊（Maison Lelong）
1923—1952年

卢西恩·勒隆1889年出生于巴黎一个经营纺织品贸易的家庭。他在1923年开设了自己的"高级定制工坊"，然而，他从来没有为以自己名字命名的品牌做过设计，而是雇用了一个设计师团队。勒隆高级定制工坊以其优雅、运动和现代的设计而闻名，他的妻子罗曼诺夫家族成员娜塔莉·帕蕾公主（Princess Natalie Paley）都参与了设计的宣传。其客户名单包括葛丽泰·嘉宝和罗斯·肯尼迪。勒隆在第二次世界大战期间是巴黎高级定制时装工会的负责人，然而，在1958年，他去世的前几年即1952年，他退休时关闭了工坊。该工坊位于巴黎马提尼翁大道16号。

Martial et Armand
巴黎时装屋
活跃在1920年代—1940年代

早在1830年，巴黎的Martial et Armand就常被人提及，但目前尚不清楚它当时在生产什么，也不清楚它是否真的与后来这家高级时装屋是否同属一家。1920年代的时尚杂志经常提到这家时装屋，称其专门设计出品高定连衣裙、皮草和内衣。在1924年左右推出了自己的香水，而设计师保琳·特里格利（Pauline Trigere）在1930年代曾在该时装屋接受过培训。时装屋位于巴黎旺多姆广场10号和和平街13号。

莫林诺（Molyneux）
巴黎的时装屋
1919—1950年

爱德华·莫林诺（1891—1974年）出生于伦敦，1919年在巴黎成立自己的时装屋之前，曾接受过英国时装设计师露西尔（Lucile），也称达夫·戈登夫人（Lady Duff Gordon）的培训。他在

伦敦和巴黎建立了莫林诺分部，取得了巨大的成功，同时他针对美国市场推出商业化的时装纸样由McCall's纸样公司（1924—1929年）印刷生产。他的作品经典而优雅，但也有前卫的设计，包括1938年的束身衣款礼服（被称为"sylphide"）以及1934年的饰有中国风格装饰图案的真丝喇叭形裙。女演员格特鲁德·劳伦斯（Gertrude Lawrence）在舞台上穿着莫林诺设计的睡衣，设计师皮埃尔·巴尔曼（Pierre Balmain）曾于1934开始在莫林诺接受培训。战争期间，莫林诺被英国贸易委员会招募，协助参与公用事业计划，随后他被委托根据该计划的紧缩政策和质量规则设计一个可全年使用的衣橱。在第二次世界大战期间，莫林诺时装屋搬到了伦敦，1946年重回巴黎，并在1950年代他退休后，公司的创意决策大权交给设计师雅克·格里夫（Jacques Griffe）。时装屋位于巴黎皇家大道5号。

让·巴杜（Jean Patou）
巴黎高级定制设计师
1880—1936年
巴杜（Patou）
巴杜高级定制工坊（Maison Patou）
1919年至今

1912年，让·巴杜（1880—1936年）开一家名叫波利屋（Maison Parry）的小裁缝店。第一次世界大战服役后，他回到巴黎，以自己名字命名重新开业。巴杜最出名的是他的运动和运动款时装。他为网球传奇人物苏珊·朗格（Suzanne Lenglen）设计场上和场下服装。1年，他在巴黎开了一家名为体育角（Le Coin des Sports）的精品店，店内有多个房间，每个房门陈列不同的运动服装。有航空、骑马、游泳、网球、高尔夫和其他几类运动服装和配饰，取得了巨大成功。巴杜扩张了休闲产业的商业版块，在多维尔和比亚里茨的高档度假胜地开了沙龙，出售他标志性的休闲时尚服装。他是第一位在毛衣和运动服上印上自己名字首字母的设计师，他在1928年推出了第一款防晒霜"Huile de Caldée"，他也是第一批从事批量出售西服原版复制品的巴黎时装设计师之一。1936年在

下页图
夏洛特·莱维（Charlotte Revyl）设计的黑色大衣和连衣裙，杰曼·勒孔特设计的三款日装套装组，Martial et Armand时装屋和夏洛特·莱维设计的黑色和银色丝织锦缎衬衫配半裙套装，杰曼·勒孔特设计的黑色毛皮镶边外套。*La Femme Chic*，1934年

后，该工坊被他的妹夫接管，卡尔·拉格菲（Karl gerfeld）、克里斯蒂安·拉克鲁瓦（Christian croix）和让-保罗·高缇耶（Jean-Paul Gault-）等设计师都曾在这里工作过。上一个服装系是在1987推出的，现在该工坊作为一家香水在继续推出香水，地址位于巴黎圣夫洛朗坦大7号。

迪尔（Rodier）
囯时装屋和纺织品设计公司
30年至今

尤金·罗迪尔于1848年在皮卡第创立了这家名的法国公司。据说，该公司每年生产5000种颅的高级定制时装面料，主要是羊毛和亚麻面料。司后来由创始人的儿子保罗（Paul）和孙子雅克cques）领导。在20世纪早期，罗迪尔生产了种各样的新面料，包括人造纤维和流行的卡沙丨。其最著名的纺织品之一是针织面料，在得到丁·香奈儿的支持认可后变得流行起来，结果这看似不起眼的面料帮助时装变得更加舒适，易着。事实上，可以说，罗迪尔的针织面料彻底了高级定制时装，波烈（Poiret）、迪奥（Dior）洛雷斯夫人（Madame Grès）紧随香奈儿之后选择并大量应用。1956年，罗迪尔凭借其第系列，最终进入成衣领域。该公司位于巴黎乔皮杜大道44号。

·罗芙（Maggy Rouff）
时装屋
9年—1960年代

玛格·罗芙（又名Marguerite Besançon de ner）是比利时裔法国设计师，1896年出生黎。1929年，她开设了一家名为玛格·罗芙龙，直到1948年她退休的那一年，她一直担个沙龙的主管。她最初为父母的德莱塞尔高制工坊（Maison Drécoll）设计服装，专门从衣和运动装的设计。她是一个真正优雅的女她将自己的时尚原则融入她的作品中，总是在的细节中突出女性气质。1942年，巴黎被德领，她出版了《优雅的哲学》（*Lla Philosophie Élégance*）一书，她用这本书作为对现实的

抵抗和对未来的信念的象征。罗芙的女儿安妮（Anne-Marie Besançon de Wagner）在她母亲1948年退休时接手设计工作。然而，玛格·罗芙时装屋并没有在1960年代生死存亡的时期幸存下来。1960年代，三名设计师为该工坊工作，在此期间，工坊转型为成衣公司。该公司于1971年罗芙去世前关闭。该定制工坊位于巴黎香榭丽舍大道136号。

艾尔莎·夏帕瑞丽（Elsa Schiaparelli）
意大利时装设计师
1890—1973年
夏帕瑞丽高级定制工坊（Maison Schiaparelli）
1928—1954年

夏帕瑞丽于1890年出生于罗马，她是那个时代最引人注目的设计师之一。她以机智的设计而闻名于世，这些设计融合了萨尔瓦多·达利（Salvador Dali）等超现实主义艺术家的前卫视角。夏帕瑞丽推出了手工编织的错视图案毛衣，她的设计特点是宽阔的肩部和明亮的颜色。她还与艺术家让·科克托（Jean Cocteau）和阿尔贝托·贾科梅蒂（Alberto Giacometti）合作。第二次世界大战对她的工作产生了巨大的影响，她在1951年停止了高级定制时装系列，1954年关闭了生意——那一年她出版了自传《震惊的生活》（*Shocking Life*）。她于1973年去世，享年83岁。然而，她的高级定制工坊在1977年被一个设计师团队重新开放。该定制工坊位于巴黎和平街4号。

罗斯·瓦卢瓦（Rose Valois）
巴黎女帽定制屋
活跃在1920年代—1950年代

罗斯·瓦卢瓦是一家时尚创新类的巴黎女帽定制屋，成立于1927年。该定制屋在纳粹占领期间继续活跃，并创新性地使用纸张和木屑等一次性材料制作帽子。在此期间，它的设计师之一，英国女帽制造商薇拉·利（Vera Leigh），是抵抗运动中的重要人物，作为特别行动执行部的成员，她最终被盖世太保逮捕。定制屋位于巴黎皇家大道18号。

沃斯（Worth）
巴黎高级定制时装屋
1858—1954年

1858年，查尔斯·弗雷德里克·沃斯（Charles Frederick Worth，1825—1895年）在巴黎创立了第一家高级定制时装屋，为客户提供季节性的设计图册供客户选择并量身定制。沃斯时装屋得到了欧仁妮皇后（Empress Eugénie）和波琳·冯·梅特涅公主（Princess Pauline von Metternich）的支持。他的时装屋以其精美的设计和制作工艺而闻名。沃斯死后，他的儿子加斯顿-卢西恩（Gaston-Lucien）和让-菲利普（Jean-Philippe）接管了时装屋，1956年关闭，距离时装屋成立100周年仅差了两年的时间。时装屋位于巴黎和平街7号。

名词翻译索引

参考文献

rnold, R., *American Look: Fashion, Sportswear and the age of Women in 1930s and 1940s*, I&B Taurus & Co Ltd, 008

audot, F., *A Century of Fashion*, Thames & Hudson, 1999

ehnke, A., *The Little Black Dress and Zoot Suits: epression and Wartime Fashions from the 1930s to 1950s*, enty First Century Books, 2011

rry, S., *Screen Style: Fashion and Femininity in 1930s ollywood*, University of Minnesota Press, 2000

ackman, C., *20th Century Fashion: the 20s and 30s ppers and Vamps*, Heinemann Library, 1999

m, S., *Everyday Fashions of the 30's*, Dover Publications ., 1987

adwick, W., *The Modern Woman Revisited: Paris ween the Wars*, Rutgers University Press, 2003

enoune, F., *Hidden Femininity: 20th Century Lingerie*, souline, 1999

stantino, M., *The 1930s (Fashions of a Decade)*, elsea House Publishers, 2006

la Haye, A., *Chanel: Couturières at Work*, V&A lications, 1997

nornex, J., *Lucien Lelong*, Thames & Hudson, 2008

uivin, C., *Adrian: Silver Screen to Custom Label*, nacelli Press, 2007

ng, W., *Edward Steichen: In High Fashion: The Condé t Years 1923-1937*, Thames & Hudson, 2008

g, M., *Fashion Illustration, 1930 to 1970: From Harper's aar*, Batsford Ltd., 2010

es, J. & C. Herzog, *Fabrications: Costume and the ale Body*, Routledge, 1990

in, P., *Madeleine Vionnet*, Rizzoli International ications, 2009

ood, C., *Keeping Up Appearances: Fashion and Class ween the Wars*, The History Press, 2011

Kirke, B., *Madeleine Vionnet*, Chronicle Books, 1998

Lehmann, U., *Tigersprung: Fashion in Modernity*, MIT Press, 2000

Mackrell, A., *Coco Chanel,* Holmes & Meier, 1992

Mears, P., *Madame Grès: Sphinx of Fashion*, Yale University Press, 2008

Mendes, V. & A. de la Haye, *20th Century Fashion*, Thames & Hudson, 1999

Merceron, D., *Lanvin*, Rizzoli International Publications, 2007

Muller, F., *Art & Fashion*, Thames & Hudson, 2000

Richards, M., *Chanel: Key Collections*, Hamlyn, 2000

Schiaparelli, E., *Shocking Life: The Autobiography of Elsa Schiaparelli*, V&A Publishing, 2007

Steele, V., *Paris Fashion: A Cultural History*, Berg Publishers, 1988

Stewart, M., *Dressing Modern Frenchwomen: Marketing Haute Couture, 1919 — 1939*, The John Hopkins University Press, 2008

Vassiliev, A., *Beauty in Exile: the Artists, Models and Nobility who fled the Russian Revolution and influenced the World of Fashion*, Abrams, 2000

Wilson, E. & L. Taylor, *Through the Looking Glass: a History of Dress from 1860 to the Present Day*, BBC Books, 1989

Wilson, E., *Adorned in Dreams: Fashion and Modernity*, Virago, 1987

Wollen, P., *Addressing the Century: 100 years of Art and Fashion*, Hayward Gallery Publishing, 1998

致谢

编辑这本书是一次奇妙的学习经历，也是一次探索世界时尚史的迷人之旅。首先，我要感谢埃曼纽尔·德里克斯，感谢她友善的毅力和富有感染力的热情，感谢她精彩的介绍和巧妙的文字介绍。我也要感谢我的女儿克莱曼婷，她在图片来源方面富有洞察力的帮助，以及盖伊·杰克逊在平面设计方面的出色工作，尤其是为了追求图片的完美布局，他付出了不知疲倦的热情。也要感谢佐伊·福塞特，感谢她在图片标题制作过程中的出色帮助，感谢罗桑娜·涅格洛齐的辛勤编辑。最后，感谢伊莎贝尔·威尔金森对图片进行的法律审查。非常感谢大家！

我们感到遗憾的是，在某些情况下，无法追踪早期宣传照片或早期出版物的原始版权持有人。然而，我们尽力做到尊重第三方的权利，如果在个别情况下忽视了任何此类权利，我们将在可能的情况下对错误进行相应的修正。

本出版物中使用的所有图片均来自伦敦菲尔档案馆，除了Emmanuelle Dirix: Breakspread。

夏洛特·菲尔（Charlotte Fiell）

夏洛特·菲尔是设计史学、理论和批评方面的权威，在这个主题上写了60多本书。她最初在佛罗伦萨的英国学院学习，然后在伦敦坎伯韦尔艺术学院（UAL）完成学业，在那里获得了绘画史和版画材料科学专业课程的（荣誉）学士学位。后来，她在伦敦苏富比艺术学院接受培训。20世纪80年代末，她和丈夫彼得在伦敦国王路开办了一家开创性的设计画廊，并由此获得了难得的现代设计实践知识。1991年，菲尔夫妇出版了他们的第一本书《1945年以来的现代家具经典》，受到广泛好评。从那时起，菲尔夫妇就开始专注于通过写作、策展和教学更广泛地传播时尚设计。她最近的作品包括 *100 Ideas that Changed Design*，*Women in Design: From Aino Aalto to Eva Zeisel* 和 *Ultimate Collector Cars*。

埃曼纽尔·德里克斯（Emmanuelle Dirix）

埃曼纽尔·德里克斯是一位备受尊敬的时尚历史学家和策展人。她在温切斯特艺术学院、中央圣马丁艺术学院、皇家艺术学院和安特卫普时装学院讲授时尚的批判性和历史性研究。她定期为展览目录和学术书籍撰稿。项目包括展览和书籍：*Unravel: Knitwear in Fashion, 1920s Fashion:The Definitive Sourcebook* 和 *1930s Fashion: The Definitive Sourcebook*。

图书在版编目（ＣＩＰ）数据

1930年代时尚: 权威资料手册/（英）夏洛特

菲尔（Charlotte Fiell），（英）埃曼纽尔·德里克斯

（Emmanuelle Dirix）编著; 邱超, 余渭深译. -- 重庆：

庆大学出版社, 2023.4

（万花筒）

书名原文: 1930s Fashion：The Definitive

urcebook

ISBN 978-7-5689-3618-7

Ⅰ.①1… Ⅱ.①夏… ②埃…③邱… ④余… Ⅲ.①

饰美学－美学史－世界－20世纪30年代 Ⅳ.

TS941.11-091

中国版本图书馆CIP数据核字(2022)第223373号

30年代时尚: 权威资料手册

ONIANDAI SHISHANG：QUANWEI ZILIAO SHOUCE

夏洛特·菲尔（Charlotte Fiell）

埃曼纽尔·德里克斯（Emmanuelle Dirix） 编著

余渭深 译 刘芳 审校

编辑: 张 维 侯慧贤 书籍设计: Mᵒᵒᵒ Design

校对: 谢 芳 责任印制: 张 策

大学出版社出版发行

人: 饶帮华

:（401331）重庆市沙坪坝区大学城西路21号

: http://www.cqup.com.cn

: 天津图文方嘉印刷有限公司

: 787mm × 1092mm 1/16 印张: 32 字数: 295千

3年4月第1版 2023年4月第1次印刷

978-7-5689-3618-7 定价: 139.00元

Fashion Sourcebook 1930s
Published in 2021 by Welbeck
An imprint of Welbeck Non-Fiction Limited, part of Welbeck Publishing Group
Text copyright©Charlotte Fiell and Emmanuelle Dirix 2021
版贸核渝字（2022）第224号